洪錦魁簡介

　　一位跨越電腦作業系統與科技時代的電腦專家，著作等身的作家。2023 年 12 月獲選博客來 10 大暢銷華文作家，是多年來唯一電腦書籍作者獲選者。

❏ DOS 時代他的代表作品是「IBM PC 組合語言、C、C++、Pascal、資料結構」。
❏ Windows 時代他的代表作品是「Windows Programming 使用 C、Visual Basic」。
❏ Internet 時代他的代表作品是「網頁設計使用 HTML」。
❏ 大數據時代他的代表作品是「R 語言邁向 Big Data 之路」。
❏ AI 時代他的代表作品是「機器學習 Python 實作」。
❏ 通用 AI 時代，國內第 1 本「ChatGPT、Bing Chat + Copilot」作品的作者。

　　作品曾被翻譯為簡體中文、馬來西亞文，英文，近年來作品則是在北京清華大學和台灣深智同步發行：

1：C、Java、Python、C#、R 最強入門邁向頂尖高手之路王者歸來
2：OpenCV 影像創意邁向 AI 視覺王者歸來
3：Python 網路爬蟲：大數據擷取、清洗、儲存與分析王者歸來
4：演算法邏輯思維 + Python 程式實作王者歸來
5：Python 從 2D 到 3D 資料視覺化
6：網頁設計 HTML+CSS+JavaScript+jQuery+Bootstrap+Google Maps 王者歸來
7：機器學習基礎數學、微積分、真實數據、專題 Python 實作王者歸來
8：Excel 完整學習、Excel 函數庫、Excel VBA 應用王者歸來
9：Python 操作 Excel 最強入門邁向辦公室自動化之路王者歸來
10：Power BI 最強入門 – AI 視覺化 + 智慧決策 + 雲端分享王者歸來

　　他的多本著作皆曾登上天瓏、博客來、Momo 電腦書類，不同時期暢銷排行榜第 1 名，他的著作特色是，所有程式語法或是功能解說會依特性分類，同時以實用的程式範例做說明，不賣弄學問，讓整本書淺顯易懂，讀者可以由他的著作事半功倍輕鬆掌握相關知識。

無料 AI

ChatGPT + Gemini + Claude + Copilot + Coze
PlaygroundAI + Ideogram + Stylar + Faceswapper
Suno + Stable Audio + D-ID + Runway + Sora + Gamma

「文字、繪圖、動漫、視覺、音樂、影片、簡報」
創意無限

序

這是第 2 版的無料 AI 書籍，這本書籍除了更新 AI 的內容，同時增加下列熱門的 AI 主題：

- 新一代無料 AI 平台 Coze
- Copilot 圖像一致化
- Designer 多格漫畫製作
- Stylar 圖像風格轉變
- Faceswapper 圖像與影片變臉
- AI 音樂 Stable Audio
- Runway 建立唇形同步影片
- Memo AI 讓影片說中文

在這個資訊爆炸的時代，人工智慧 (AI) 已成為我們生活中不可或缺的一部分。這本書籍，不僅是對當前 AI 技術的全面展示，更是對未來無限可能性的探索。書籍主標是「無料 AI」，重點就是整本書探討免費的 AI 應用，所以本書所探討的 ChatGPT 不是付費版的 ChatGPT 4，而是免費版的 ChatGPT 3.5。

AI 時代來了，這本書不會涉及較深的程式設計技術細節，而是著重於全面探討「文字」、「繪圖」、「動漫」、「視覺」、「音樂」、「影片」、「簡報」等七大領域的 AI 軟體，於生活與工作上無限可能的應用。除此之外，我們還會讓讀者全面了解與體驗當前 AI 的應用趨勢。

無論您是學生、教師、員工、企業家，還是對 AI 充滿好奇的一般讀者，本書都會為您提供實用的指南和建議。透過本書，您不僅可以了解如何有效地使用這些工具，還可以發掘它們在不同領域的潛在價值。研讀本書，讀者可以獲得下列多方面的知識：

❑ 無料 ChatGPT 徹底應用

- AI 生活顧問
- 高效 AI 辦公室
- 出題、摘要、報告、專題撰寫等教育應用
- 公告、面試、行銷、腳本設計等企業應用
- 短、中或長篇小說
- 詩詞創作
- 英語翻譯機與英語學習機
- ChatGPT 簡報轉 Word 與 PowerPoint
- 提升 Excel 工作效率
- 輔助程式設計

❑ Chrome 線上商店

- ChatGPT for Google – 回應網頁搜尋
- WebChatGPT – 網頁搜尋
- Voice Control for ChatGPT – 口說與聽力
- ChatGPT Writer – 回覆訊息與代寫電子郵件

❑ AI 最強競爭者 Claude

- 安全理念
- 寫作和分析、問答、數學、編碼、翻譯、摘要
- 讀取與摘要 PDF 文件
- AI 視覺智慧
- 同時讀取與比較多個檔案內容
- 資料分析，例如：分析機器學習資料

❑ Google Gemini

- 語音輸入與輸出
- 表格式報告與 Google 雲端試算表
- Google 雲端文件整合 Gemini 回應輸出
- AI 視覺
- Gemini 與 Gmail 整合

❑ Copilot

- Copilot 多模態聊天
- Copilot 繪圖與視覺

- ● 文字生成影片
- ● 圖片生成影片
- ● 文字 + 圖片生成影片

❑ **Gamma AI 簡報**
- ● 主題生成簡報
- ● 簡報匯出與分享

❑ **Coze 平台**
- ● 串接 ChatGPT
- ● 實作機器人程式

❑ **Memo AI**
- ● 讓影片說中文

　　在閱讀這本書的過程中，您將會發現 AI 不僅是一項技術，更是一種藝術，一種創造力的表達。寫過許多的電腦書著作，本書沿襲筆者著作的特色，實例豐富，相信讀者只要遵循本書內容必定可以在最短時間認識相關軟體，有一個豐富「文字」、「繪圖」、「動漫」、「視覺」、「音樂」、「影片」、「簡報」的 AI 之旅。感謝臉書「MQTT 與 AIoT 整合運用社團」的益師傅 ECF，在筆者撰寫此書過程，多次給予指導與靈感建議。編著本書雖力求完美，但是學經歷不足，謬誤難免，尚祈讀者不吝指正。

洪錦魁 2024/06/01

jiinkwei@me.com

讀者資源說明

　　本書籍的 Prompt、實例或作品可以在深智公司網站下載。

臉書粉絲團

　　歡迎加入：王者歸來電腦專業圖書系列

　　歡迎加入：iCoding 程式語言讀書會 (Python, Java, C, C++, C#, JavaScript, 大數據, 人工智慧等不限)，讀者可以不定期獲得本書籍和作者相關訊息。

　　歡迎加入：穩健精實 AI 技術手作坊

　　歡迎加入：MQTT 與 AIoT 整合運用

目錄

第 12 章 AI 繪圖與編輯 – Playground AI

第 13 章 AI 視覺創作與變臉 – Ideogram/Stylar/Faceswapper

第 18 章　Coze 開發平台大解密 - 打造專屬 AI 聊天機器人

第 19 章　讓影片說中文 - 使用 Memo AI 快速加字幕

第 1 章
認識 ChatGPT

　　ChatGPT 簡單的說就是一個人工智慧聊天機器人，這是多國語言的聊天機器人，可以根據你的輸入，用自然對話方式輸出文字。基本上可以將 ChatGPT 視為知識大寶庫，如何更有效的應用，則取決於使用者的創意，這也是本書的主題。

註 1：2023 年 11 月起，OpenAI 公司正式將 Microsoft 公司的 Bing 功能整合到 Chat-GPT，當所提的問題超出 ChatGPT 知識庫範圍，會自動啟用 Bing 的搜尋功能，經過整理然後輸出結果。同時，此版本也有繪圖功能。

註 2：本書重點是說明免費版的 ChatGPT 3.5，此版本不含繪圖功能。所以未來章節，所提到的 ChatGPT 是指 ChatGPT 3.5，不是需要付費的 ChatGPT 4。

註 3：2024 年 4 月 1 日，OpenAI 公司宣佈，讀者不需註冊，即可以使用 ChatGPT 3.5 的功能。

1-1　認識 ChatGPT

1-1-1　ChatGPT 是什麼

　　ChatGPT 是一個基於 GPT 架構的人工智慧語言模型，它擅長理解自然語言，並根據上下文生成相應的回應。ChatGPT 能夠進行高質量的對話，模擬人類般的溝通互動。它的主要功能包括回答問題、提供建議、撰寫文章、編輯文字 … 等。ChatGPT 在各行各業都有廣泛的應用，例如：

- 客服中心：可以利用它自動回答用戶查詢，提高服務效率。
- 教育領域：可以作為學生的學習助手，回答問題、提供解答解析。
- 創意寫作：可以生成文章概念、寫作靈感，甚至協助撰寫整篇文章。

　　此外，ChatGPT 還可以幫助企業分析數據、撰寫報告，以及擬定策略建議等。總之，ChatGPT 是一個具有強大語言理解和生成能力的 AI 模型，能夠輕鬆應對各種語言挑戰，並在眾多領域中發揮重要作用。

1-1-2　認識 ChatGPT

　　ChatGPT 是 OpenAI 公司所開發的一系列 GPT 的語言生成模型，GPT 的全名是 "Generative Pre-trained Transformer"，目前已經推出了多個不同的版本，包括 GPT-1、GPT-2、GPT-3、GPT-4、GPT-4 Turbo、GPT-4o 等，讀者可以將編號想成是版本。目前免

費的版本，簡稱 GPT-3，3 是代表目前的版本，更精確的說目前版本是 3.5。OpenAI 公司 2024 年 5 月 20 日也發表了最新版的 GPT-4o，下表是各版本發表時間與參數數量。

版本	發佈時間	參數數量
GPT-1	2018 年	1 億 1700 萬個參數
GPT-2	2019 年	15 億個參數
GPT-3	2020 年	120 億個參數
GPT-3.5	2022 年 11 月 30 日	1750 億個參數
GPT-4	2023 年 3 月 4 日	10 萬億個參數
GPT-4 Turbo	2023 年 11 月 7 日	170 萬億個參數
GPT-4o	2024 年 5 月 13 日	

　　Generative Pre-trained Transformer 如果依照字面翻譯，可以翻譯為生成式預訓練轉換器。整體意義是指，自然語言處理模型，是以 Transformers（一種深度學習模型）架構為基礎進行訓練。GPT 能夠透過閱讀大量的文字，學習到自然語言的結構、語法和語意，然後生成高質量的內文、回答問題、進行翻譯等多種任務。

1-2　認識 OpenAI 公司

　　OpenAI 成立於 2015 年 12 月 11 日，由一群知名科技企業家和科學家創立，其中包括了目前執行長 (CEO)Sam Altman、Tesla CEO Elon Musk、LinkedIn 創辦人 Reid Hoffman、PayPal 共同創辦人 Peter Thiel、前 OpenAI 首席科學家 Ilya Sutskever 等人，其總部位於美國加州舊金山。

註　又是一個輟學的天才，Sam Altman 在密蘇里州聖路易長大，8 歲就會寫程式，在史丹福大學讀了電腦科學 2 年後，和同學中輟學業，然後去創業，目前是 AI 領域最有影響力的 CEO。

　　OpenAI 的宗旨是推動人工智慧的發展，讓人工智慧的應用更加廣泛和深入，帶來更多的價值和便利，使人類受益。公司一直致力於開發最先進的人工智慧技術，包括自然語言處理、機器學習、機器人技術等等，並將這些技術應用到各個領域，例如醫療保健、教育、金融等等。更重要的是，將研究成果向大眾開放專利，自由合作。

OpenAI 在人工智慧領域取得了許多成就，主要是開發了 3 個產品，分別是：

● ChatGPT：這也是本書標題重點。

● DALL-E 3.0：這是依據自然語言可以生成圖像的 AI 產品，目前此功能已經整合到 ChatGPT 內了。

● Sora：是 OpenAI 於 2024 年 2 月推出的革命性 AI 文字轉影片工具，突破了多模態 AI 的限制。Sora 融合了擴散模型和變壓器模型，能夠根據文字描述生成高品質、逼真的影片，超越了以往的 AI 影片生成器。註：目前尚未開放使用。

OpenAI 公司最著名的產品，就是他們在 2022 年 11 月 30 日發表了 ChatGPT 的自然語言生成模型，由於在交互式的對話中有非常傑出的表現，目前已經成為全球媒體的焦點。

2023 年 3 月 14 日更是發表了可以閱讀圖像的 GPT-4，初期閱讀圖像功能沒有開放，目前已經完全開放。2023 年 11 月 7 日更發表了 GPT-4 Turbo，此版本除了大舉調降 ChatGPT 的流量 (單位是 Token) 使用費用，更是新增加下列功能：

● 「seed」的觀念：這可以確保每一次輸出相同的結果，截至筆者撰寫此書時間，此功能是測試版，目前僅供程式設計師設計時使用。

● 整合 DALL-E：讀者可以執行影像創作。

● GPTs：自定義模型，可以自己使用或是與其他人共享。

ChatGPT 的成功，帶動了整個 AI 產業的發展。除了開發人工智慧技術，OpenAI 也積極參與公共事務，並致力於推動人工智慧的良好發展。

2024 年 5 月發表了 ChatGPT 4o，重點是人性化語音、即時翻譯、即時視訊、螢幕分享與識別聊天者情緒。

1-3　ChatGPT 3.5 使用環境與升級

2024 年 4 月 1 日，OpenAI 公司宣佈，讀者不需註冊，即可以使用 ChatGPT 3.5 的功能。讀者可以使用「https://openai.com」進入 OpenAI 公司網站，然後往下捲動視窗進入下列畫面：

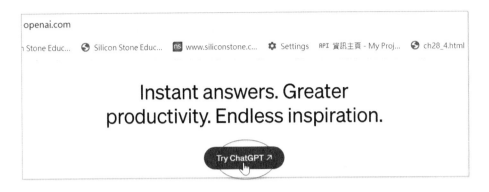

點選 Try ChatGPT 就可以進入 ChatGPT 使用環境。

　　註冊過程可以參考 1-17 節。如果不註冊仍可以使用訪客身份 ChatGPT 3.5，缺點是 OpenAI 將不保留你的聊天記錄，筆者建議是請註冊保留聊天記錄。

1-3-1　認識 GPT-3.5 的使用環境

　　註冊同時進入 ChatGPT 後，可以看到下列使用環境：

讀者可以在輸入文字框，輸入聊天文字，完成後可以按送出鈕　圖示 (如果輸入文字框有輸入文字，此圖示會變為黑色 ↑)，就可以得到 ChatGPT 的回應。上述視窗除了側邊欄會有聊天記錄主題外，可以看到下列主要欄位：

❏ **關閉或開啟側邊欄**

在開啟側邊欄狀態，如果將滑鼠游標移至此 ┃ 圖示，此 ┃ 圖示變為 《 圖示，此時點選 《 圖示。可以關閉側邊欄，可以參考下方左圖。

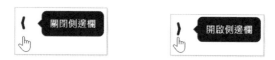

在關閉側邊欄狀態，如果將滑鼠游標移至此 》 圖示，此 》 圖示變為 》 圖示，此時點選 》 圖示。可以開啟側邊欄，可以參考上方右圖。

❏ **開啟新聊天主題**

一個聊天主題結束，可以建立新的聊天主題。將滑鼠游標移到新交談列，右邊可以顯示 𝍟 圖示，點選此圖示，可以開啟新的聊天主題。

❏ **示範聊天問題**

可以看到 ChatGPT 的示範聊天提問。

❏ **輸入文字框**

這是我們與 ChatGPT 聊天，輸入文字區。如果輸入文字很長，可以連續輸入，輸

入框的游標會自動換列。若是按「Shift + Enter」鍵，可以強制輸入游標跳到下一列。

❑　發送訊息鈕

我們的文字輸入完成，可以點選此 ▣ 圖示，或是按 Enter 鍵，將輸入送給 ChatGPT 的語言模型伺服器。

❑　選擇聊天的語言模型

點選 ChatGPT 3.5 右邊的 ⌄ 圖示，可以選擇聊天的語言模型。

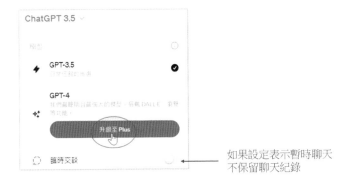

從上述可以看到 ChatGPT 的說明，在這個語言模型下，非常適合每天工作需要，你可以不受限制使用 ChatGPT 3.5 版。

如果升級至 Plus，相當於購買 GPT-4 功能，在這個模型下，可以在聊天中使用 DALL-E 生成圖像、上傳或下載檔案、如果問題時間太新可以啟動 Bing 的搜尋功能。由於這是需付費，所以不在本書討論範圍。

❑　選項設定區

畫面左下方可以看到我們登入 ChatGPT 的用戶名稱縮寫，這是選項設定區，按一下，可以看到系列選項。使用 ChatGPT 時可以長期登入，如果不想長期登入，可以執行「登出」指令。

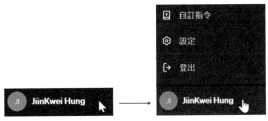

本章未來會分別說明上述其他指令內容。

❏　OpenAI 公司的聲明

「ChatGPT 可能會出錯，請考慮核對重要資訊」，也就是使用 ChatGPT 時，建議還是需要核對結果資訊。

❏　說明圖示

視窗右下方是 ? 圖示，我們可以稱此為說明圖示，點選此圖示可以看到下面提示畫面。

可以看到下列說明問題：

● 求助與常見問題：點選可以開新的瀏覽器頁面顯示常見的問題與解答。

● 版本說明：點選可以開啟新的瀏覽器頁面，顯示下列版本訊息，筆者是在 5 月 15 日撰寫此段落，所看到的內容是「記憶功能現已對 Plus 用戶開放（2024 年 4 月 29 日）。記憶功能現已對所有 ChatGPT Plus 用戶開放，歐洲和韓國除外，我們將很快在這些地區推出此功能。使用記憶功能非常簡單：只需開始一個新聊天，並告訴 ChatGPT 您希望它記住的任何事情。」。

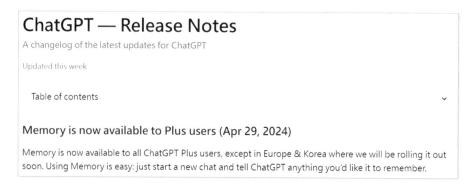

● 條款與政策：點選可以開啟新的瀏覽器頁面，顯示系列使用 ChatGPT 的條款和政策。

● 鍵盤與快捷鍵：是顯示使用 ChatGPT 的快捷鍵，可以參考下表。

鍵盤快速鍵							✕
開啟新的聊天	Ctrl	Shift	O	設定自訂指示	Ctrl	Shift	I
專注於聊天輸入		Shift	Esc	切換側邊欄	Ctrl	Shift	S
複製最後的程式碼區塊	Ctrl	Shift	;	刪除聊天記錄	Ctrl	Shift	⌫
複製最後的回應	Ctrl	Shift	C	顯示快捷鍵		Ctrl	/

1-3-2　升級至 Plus

ChatGPT 3.5 右邊有 ⌄ 圖示，點選可以看到升級至 Plus 鈕 (或是側邊欄左下方升級方案也是可以執行升級計畫)。如果點選「升級至 Plus」，將看到下列畫面。

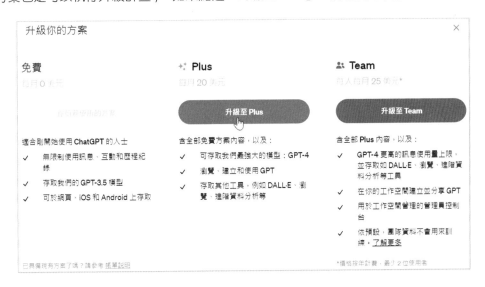

看到上述畫面後，再點選升級至 Plus，就可以看到要求輸入信用卡訊息。

1-4　GPT-4 效能與 GPT-3.5 的比較

GPT-4 是在 GPT-3.5 之後開發的一代模型，其實 GPT-4 也歷經了「no vision GPT-4」、「vision GPT-4」、「GPT-4 Turbo」和「GPT-4o」，其主要改進包括：

- 更大的模型和數據集：GPT-4 有著比 GPT-3.5 更多的參數，使用了更大規模和更多樣化的訓練數據集。
- 資料庫時間：GPT-3.5 最後的資料庫時間是 2022 年 1 月，GPT-4 是 2023 年 12 月。
- 提升的理解能力：GPT-4 在理解複雜本文和上下文方面有顯著提升，能更好地處理複雜的查詢和長篇聊天。
- 更高的準確性和可靠性：GPT-4 在提供訊息、回答問題時，其準確性和可靠性有了進一步的提升。
- 多模態能力：GPT-4 引入了對圖像的理解能力，能夠處理和生成與圖像相關的內容。
- 讀取與下載檔案：可以讀取最多 5 個「各類影像」、「.txt」、「.docx」、「.csv」、「.xlsx」、「.pdf」等檔案，同時提供檔案下載連結。
- GPT-4o：這個 o 全文字義是 omni，有全能的意義，具有文字、視覺和語音能力，未來會開放給免費版的讀者使用，不過付費版的用戶輸入訊息是多 5 倍。

總結來說，GPT-4 相比於 GPT-3.5，具有更大的模型規模、更優的理解能力、更高的準確性和多模態功能。

1-5　ChatGPT 初體驗

1-5-1　第一次與 ChatGPT 的聊天

第一次與 ChatGPT 聊天，請在輸入文字框，輸入你的聊天內容。

註　我們的輸入「你好, 我是新的 ChatGPT 使用者」稱 Prompt。

上述請按 Enter，可以將輸入傳給 ChatGPT。或是按右邊的發送訊息圖示 ⬆，將輸入傳給 ChatGPT。讀者可能看到下列結果。

註　ChatGPT 可能會在不同時間點，或是不同人，使用不同的文字回應內容。

從上述可以看到第一次使用時，會產生一個聊天標題，此標題內容會記錄你和 ChatGPT 之間的聊天。在 ChatGPT 下方有 ↻ 圖示，這個圖示稱 Regernate(重新生成) 圖示，如果你對於 ChatGPT 的內容不滿意，可以點選此 ↻ 圖示，ChatGPT 會重新產新的內容，下列是點選 Regenerate 鈕產生新內容的結果。

上述「2/2」意義是第「第幾次回應 / 回應總次數」，讀者可以點選此次回應是 Better(較佳)、Worse(較差) 或是 Same(相同)，若是點選 ✕ 圖示，可以刪除此區塊文字。

我們第一次使用 ChatGPT，也許是興奮的，但是看到了「簡體中文」的回應，可能心情跌到谷底，下一小節筆者會解釋原因。我們可以輸入要求 ChatGPT 用繁體中文回應，就可以看到 ChatGPT 用繁體中文回答了。

You
請用繁體中文回答

ChatGPT
抱歉，我忘了你要我用繁體中文回答。有什麼問題我可以幫你解答？

1-5-2　從繁體中文看 ChatGPT 的缺點和原因

下列是 ChatGPT 訓練資料時所使用語言的比例，可以看到繁體中文僅佔 0.05%，簡體中文有 16.2%，這也是若不特別註明 ChatGPT 經常是使用簡體中文回答的原因。

Languages

The pie chart shows the distribution of languages in training data.

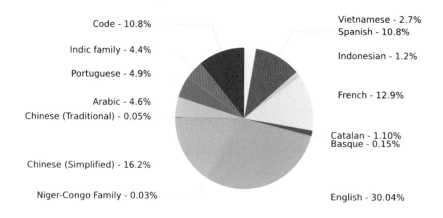

其實這也代表 OpenAI 公司台灣籍員工太少，繁體中文未被重視，只期待年輕學生加油，有機會應該要去美國進修，和全球頂尖學生學習，增加競爭力，也是增加台灣軟體的競爭力。

1-5-3　留意簡體語法的繁體中文內容

儘管 ChatGPT 是用繁體中文回答了，其實我們看到的內容還是簡體語法的繁體中文，或是說「繁體皮、簡體骨的中文」。對於不熟悉簡體中文的讀者，可能讀取內容會有些吃力，下列左邊是幾個繁體文字，但是卻是簡體內涵的字，讀者需自行替換調整成右邊文字，才可以讓文字通順。

智能：智慧

信息：資訊或訊息

硬件：硬體

軟件：軟體

文本：本文

示例：實例

模板：模組

通向：邁向

通過：透過

內存：記憶體

內置：內建

循環：迴圈

調用：呼叫

基於：以 xx 為基礎。

實例 1：下列字「智能」需改為「智慧」。

 您
請用100個字介紹AI家庭

 ChatGPT
AI家庭整合人工智慧技術於家居環境，提供智能化生活體驗。從智能家居控制、語音助手到自動化家電，AI家庭為居民帶來更便捷、節能、安全的生活。它學習居民習慣，提供智

實例 2：下列字「文本」需改為「本文」。

> **您**
> 請用100個字描述AI文字

> **ChatGPT**
> AI文字是由人工智慧生成的 文本 ，透過深度學習模型理解語言並生成自然流暢的內容。它
> 能應用於自動寫作、編輯，提供多語言支援，並在資訊檢索、答案生成等方面展現出色表

註 1：筆者是 2023 年 2 月第一次寫 ChatGPT，這一版寫作期間是 2024 年 5 月，發現
ChatGPT 也不斷自我改良，「繁體皮、簡體骨的中文」也逐步改良與減少中。

註 2：其實國內有些網路文章也用「文本」形容「本文」。

1-6　回饋給 OpenAI 公司聊天內容

在 ChatGPT 的回應訊息下方可以看到下列圖示，除了 ♻ 圖示已有說明，其他圖示
意義如下：

◁)) ☐ ♻ ☐

圖示 ◁))

可以用語音輸出 ChatGPT 的回應。

圖示 ☐

這個圖示可以複製 ChatGPT 的回應，未來可以將此回應貼到指定位置，例如：如
果讀者用 Word 寫報告，可以將 ChatGPT 的回應貼到 Word 的報告檔案內。

圖示 ☐

點選 ☐ 圖示，可以看到下列聊天方塊，對於 ChatGPT 的回應可以點選下列選
項。不喜歡此風格 (Don't like the style)、Not factually correct(非事實)、Didn't follow
instructions(沒有依據問題回答)、Refused when it shouldn't have(當不應該被拒絕
時卻被拒絕)、Being lazy(懶惰) 或 More (其他)，點選 More 時可以用文字回饋給
OpenAI 公司。

告訴我們更多想法：　　　　　　　　　　　　　　　　　　　　　✕

Don't like the style　　　Not factually correct　　　Didn't fully follow instructions

Refused when it shouldn't have　　　Being lazy　　　更多......

1-7 管理 ChatGPT 聊天記錄

使用 ChatGPT 久了以後，在側邊欄位會有許多聊天記錄標題。建議一個主題使用一個新的聊天記錄，方便未來可以依據聊天標題尋找聊天內容。

註 ChatGPT 宣稱可以記得和我們的聊天內容，但是只限於可以記得同一個聊天標題的內容，這是因為 ChatGPT 在設計聊天時，每次我們問 ChatGPT 問題，系統會將這段聊天標題的所有往來聊天內容回傳 ChatGPT 伺服器 (Server)，ChatGPT 伺服器會由往來的內容再做回應。

1-7-1 建立新的聊天記錄

如果一段聊天結束，想要啟動新的聊天，可以點選新聊天 圖示。

1-7-2 編輯聊天標題

第一次使用 ChatGPT 時，ChatGPT 會依據你輸入聊天內容自行為標題命名。為了方便管理自己和 ChatGPT 的聊天，可以為聊天加上有意義的標題，未來類似的聊天，可以回到此標題的聊天中重新交談。如果你覺得標題不符想法，可以點選此標題右邊的 **...**，然後執行「重新命名」可以為標題重新命名。

1-7-3　刪除特定聊天主題

使用 ChatGPT 久了會產生許多聊天主題，如果想刪除特定聊天主題，請參考上圖，可以點選 ●●● 圖示，然後執行「刪除」指令。

當出現「刪除交談？」聊天方塊時，按刪除鈕，就可以刪除此聊天標題。

1-7-4　刪除所有聊天段落

點選右上方的用戶名稱縮寫，可以看到選項設定，然後請點選設定。

看到設定聊天方塊，點選一般的刪除全部鈕，就可以刪除所有的聊天標題。

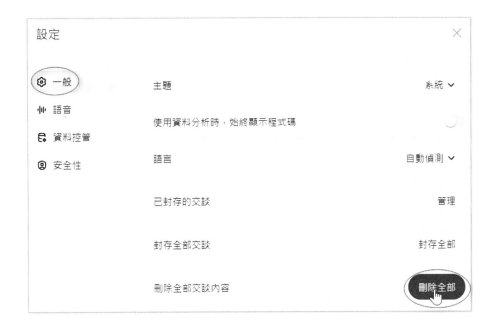

1-8 聊天主題背景

聊天主題背景有 System(系統介面)、Dark(深色介面) 和 Light(亮色介面) 等 3 種模式，在一般選項下，點選「主題」右邊，「系統」右邊的 ∨ 圖示，看到聊天背景選項。其實真實的說只有 2 種介面，因為預設系統本身是淺色介面。

如果選擇深色介面，如上所示，未來聊天背景就變為暗黑底色，如下所示：

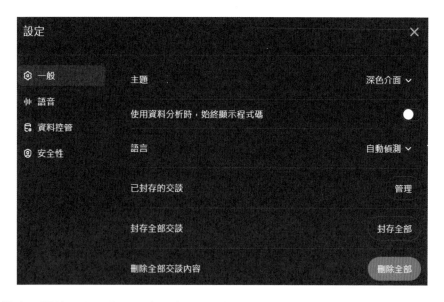

筆者習慣使用淺色介面，據說許多工程師喜歡深色介面。

1-9 ChatGPT 聊天連結分享

ChatGPT 會用超連結儲存每一個聊天標題，這個功能可以協助你分享聊天內容給需要的人。視窗右上方用戶縮寫左邊，可以看到分享連結 圖示，如下所示：

請點選分享連結 圖示，可以看到更新交談的公開連結方塊：

上述請點選更新連結鈕,可以看到下列對話方塊。

　　上述點選複製連結可以複製聊天對話標題的超連結,下列是將超連結複製到瀏覽器標題的結果。

上述如果點選 Get started with CharGPT,則可以進入 ChatGPT 此聊天主題畫面。

1-10　封存聊天記錄

目前 OpenAI 公司說明聊天記錄會儲存 30 天，我們可以將聊天記錄儲存，下列將分成 2 個小節說明。

1-10-1　封存聊天記錄

假設我們要封存「新 ChatGPT 使用者」聊天記錄，請點選聊天記錄標題右邊的 日 封存 圖示。

聊天記錄保存後，側邊欄會看不到此聊天記錄，下一小節會說明復原聊天記錄。

1-10-2　未歸檔聊天 (Unarchived conversation)

點選用戶名稱開啟選項設定，然後請點選設定項目。

請選擇一般選項，然後點選已封存交談右邊的管理鈕，會出現已封存交談對話方塊。

上述 🗑 圖示是刪除交談記錄，相當於可以刪除聊天記錄。🔲 圖示是取消封存對話，相當於將已經保存的聊天記錄，放回側邊欄位。請點選 🔲 圖示，可以復原此聊天記錄在側邊欄。

1-11 備份聊天主題

1-11-1 儲存成網頁檔案

我們可以將聊天主題完整內容儲存成網頁檔案，首先顯示要儲存的聊天主題，將滑鼠游標移到 ChatGPT 聊天主題頁面，按一下滑鼠右鍵，會出現快顯功能表。

請執行另存新檔，會出現另存新檔對話方塊，請選擇適當的資料夾，此例用聊天主題當作檔案名稱，如下所示：

上述請按存檔鈕，未來可以在指定資料夾，看到所存的檔案。

未來點選網頁可以看到主要聊天主題，點選聊天主題就可以看到聊天內容。

1-11-2　儲存成 PDF

我們可以將聊天主題特定內容或是當下瀏覽頁面儲存成 PDF 檔案，首先顯示要儲存的聊天主題頁面，將滑鼠游標移到 ChatGPT 聊天主題頁面，按一下滑鼠右鍵，會出現快顯功能表。

請執行列印，出現列印對話方塊，目的地欄位請選擇另存為 PDF。

上述請點選儲存鈕，會出現另存新檔對話方塊，輸入 PDF 檔案名稱，就可以將當下頁面儲存成 PDF 檔案。註：僅是當下頁面，不是整個聊天記錄。

1-12 自訂 ChatGPT 指令

使用 ChatGPT 時，也可以打造個人特色的 ChatGPT，此功能稱「自訂 ChatGPT」。點選側邊欄下方的選項設定 (帳號名稱該列)，可以看到此指令選項。

請點選自訂 ChatGPT 指令，可以看到要求輸入 2 個訊息，分別是：

1：您希望 ChatGPT 了解哪些關於您的資訊，以便提供更好的回答？

2：您希望 ChatGPT 如何回應？

　　當你回答後，如果按儲存鈕，未來 ChatGPT 回應你的對話時，可以針對你所提供的需求回答。如果我們沒有提供這類資訊，ChatGPT 只針對一般狀況回答。註：這個功能設定後，可以隨時使用下方的「啟用新的對話」選項設定啟用或是關閉。此例筆者客製化輸入如下：

　　上述輸入完後需要設定「啟用新的對話」才可以，同時需要按保存鈕。未來在當下對話標題與 ChatGPT 對話時，輸入「請解釋量子力學」，可以看到 ChatGPT 用很淺顯的方式回答。

ChatGPT 3.5 ∨

 ChatGPT
好的，讓我用淺顯的方式解釋量子力學。

1. **基本觀念**：量子力學是一門研究極小尺度事物行為的科學。在這個領域，我們不再處於習慣的經典物理規則下，而是進入微觀世界。
2. **粒子性質**：量子力學認為微觀粒子，如電子和光子，表現出粒子和波的雙重性。有時它們像顆粒，有時像波動。
3. **不確定性原理**：著名的不確定性原理指出，我們無法同時確切知道一粒子的位置和動量。這並非因為測量方法不夠好，而是物理本質的限制。
4. **量子狀態和波函數**：量子系統的狀態用波函數描述，它是一種數學工具，提供我們對粒子位置、動量等性質的機率分佈。
5. **量子糾纏**：這是一種奇特的量子現象，即使兩個粒子處於很遠的地方，它們的狀態仍然互相關聯。改變一個粒子的狀態，另一個瞬間也會改變。

簡單來說，量子力學挑戰了我們對自然規律的直觀理解，帶來了一個非常奇妙和令人驚奇的微觀世界。 ↓

如果開啟新對話方塊，輸入相同問題，ChatGPT 會用一般方式回答，如下所示：

 您
請解釋量子力學

 ChatGPT
量子力學是一門研究微觀世界行為的物理學分支，它描述了極小尺度下粒子的行為和性質。量子力學的發展起源於20世紀初，是由一群物理學家，如馬克斯·普朗克、尼爾斯·玻爾、路易斯·德布羅意、沃納·海森堡、艾因斯坦等人所推動。

以下是量子力學的一些基本概念：

1. **波粒二象性**：量子力學描述了粒子既具有波動性質又具有粒子性質。這種波粒二象性表現在德布羅意-波長公式中，其中每個粒子都與一個波動相關，其波長由其動量確定。
2. **不確定性原理**：由海森堡提出的不確定性原理是量子力學的基本原理之一，它指出我們無法同時確定一個粒子的位置和動量的精確數值。這種不確定性是量子世界的基本特徵。

1-13　ChatGPT 3.5 的限制

此書出版時間是 2024 年 6 月，ChatGPT 3.5 的資料庫日期是 2022 年 1 月，可以
參考下列實例。

 You
你的資料庫日期為何

ChatGPT
我的知識截止日期是 2022 年 1 月，所以我可以提供截至該日期的資訊。

如果詢問比資料庫日期更新的問題，ChatGPT 3.5 無法回應，可以參考下列問題。

 You
請告訴我,2023年亞洲棒球賽的冠軍隊伍

ChatGPT
很抱歉，我無法提供 2023 年以後的資訊，因為我的資料庫僅到 2022 年 1 月。你可以
通過網上搜尋或查詢相關資訊來了解 2023 年亞洲棒球賽的冠軍隊伍。

1-14　使用 ChatGPT 必須知道的情況

❑　繼續回答 Continue generating

如果要回答的問題太長，ChatGPT 無法一次回答，回應會中斷，這時可以按螢幕
下方的繼續生成鈕，繼續回答。

它們的冒險故事散發著星星的光輝，感動著星際生命。每一次的宇宙之旅，都讓七星的星
光更加燦爛，成為宇宙中最璀璨的存在。

在宇宙之旅的歲月中，七星見證了星際文明的興衰，見證

▷▷ 繼續生成

❏　中止回答 **Stop generating**

如果回答感覺不是很好，或是 ChatGPT 會過度的回答問題，在回答過程可以使用 Stop generating 鈕中止回答，可以參考下方右邊的圖示。

Message ChatGPT	⏺

❏　同樣的問題有多個答案

同樣的問題問 ChatGPT，可能會產生不一樣的結果，所以讀者用和筆者一樣的問題，也可能獲得不一樣的結果。

❏　可能會有輸出錯誤

這時需要按重新生成鈕。

1-15　ChatGPT App

2023 年 5 月 OpenAI 公司發表了 ChatGPT 的 App，因此我們已經可以在手機上使用 ChatGPT。讀者需注意的是，類似的 App 有許多，為了避免被誤導，我們可以使用 商標認清楚，到底哪一個 App 才是真的 ChatGPT，可以參考下方左圖。

正式版的 ChatGPT 會有登入過程，登入完成後，開啟左側邊欄可以看到聊天記錄，可參考上方右圖。

開啟左邊的側邊欄後，可以看到下列聊天記錄。

ChatGPT App 的優缺點 (功能特色) 如下：

● 優點：支援語音輸入，所以可以使用 iPhone 的 Siri 輸入。

● 缺點：目前只支援英文、簡體中文拼音輸入。雖然看得懂繁體中文，但是不支援繁體中文輸入，如果讀者用語音輸入則出現的是簡體中文，如果發音無法很

準確，可能會出現輸入錯誤，解決方法是讀者可以在備忘錄 App 輸入繁體中文，修正內文，再複製和貼到 ChatGPT 的輸入區。

下方左圖是筆者語音輸入「請推薦大學生應該要學習的電腦語言」，產生簡體中文字的畫面與 ChatGPT 的回應。下方右圖是筆者要求用繁體中文回答的結果畫面。

1-16　筆者使用 ChatGPT 的心得

前面幾節我們認識了 ChatGPT 的操作環境，讀者可能會想 ChatGPT 的功能為何？ChatGPT 基本上是經過 AI 訓練的一個即時對話的語言模型，當我們輸入問題，ChatGPT 會依據先前資料庫訓練的資料，回應問題。

經過多個月的使用，筆者深刻體會 ChatGPT 是一個精通多國語言、上知天文、下知地理的活字典。目前台灣許多大型公司有使用客服機器人，但是功能有限，如果套上 ChatGPT，則未來發展將更為符合需求。除此，ChatGPT 也可以和你做真心的朋友，回應你的心情故事。

此外，ChatGPT 經過 1 年多的開放使用，筆者感受到 ChatGPT 的幾個進步象徵如下：

- 速度越來越快
- 回應也越來越聰明
- 可以回應更長的答案而不中斷

應該是 OpenAI 公司有不斷的增加伺服器，內部語言模型也因應實際做改良。簡單的說，ChatGPT 的功能是取決於你的創意，本書所述內容，僅是 ChatGPT 功能的一小部分。

1-17　進入網頁與註冊

點選 Sign Up 鈕可以註冊，第一次使用請先點選 Sign up 鈕，如果已經註冊則可以直接點選 Log in 鈕。註冊最簡單的方式是使用 Gmail 或是 Microsoft 帳號。

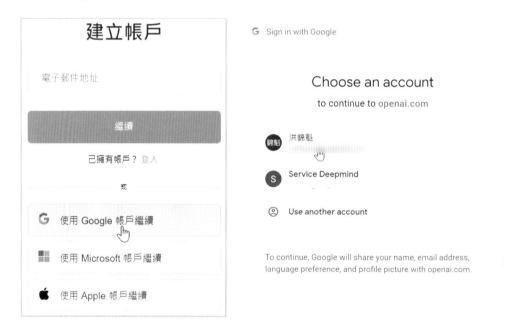

首先你將看到上方左圖，筆者有 Google 帳號，可以直接點選 Continue with Google，可以看到上方右邊畫面。當點選 Google 帳號後，會要求你輸入手機號碼，然後會傳送驗證碼到你的手機，內容如下：

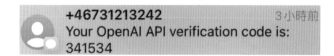

以上述為例，驗證碼是 341534，收到後請輸入驗證碼，未來就可以使用 ChatGPT 了。

第 2 章
ChatGPT 的基本應用

2-1　認識 Prompt

　　OpenAI 公司的 ChatGPT 、Microsoft 公司的 Copilot、Google 公司的 Gemini 等皆是聊天機器人。讀者還會碰上許多 AI 繪圖軟體，這類軟體可以輸入文字，然後產生圖像或影片。

　　在 AI 時代，讀者必須了解，提示訊息區塊輸入的資訊稱「Prompt」。

2-1-1　基礎使用

　　「Prompt」是一個名詞，在命令提示字元視窗環境使用電腦時，可以看到提示訊息 (Prompt)，如下所示：

稱Prompt

　　在上述 Prompt 中，我們必須明確告訴作業系統指令，作業系統才可以依據我們的指示執行工作。在與 ChatGPT 會話過程，使用者是一個輸入框，其實我們也可以稱在此輸入框輸入的文字是 Prompt。

發送訊息給 ChatGPT...

　　Prompt 其實就是一個片段文字，這段文字給了 ChatGPT 後，可以讓 ChatGPT 產生回應。輸入片段文字時，必須明確，給予足夠的資料，ChatGPT 才可以快速、完整的給我們資料。例如：下列是 3 個 Prompt 內容：

實例 1：請寫一篇七言絕句。

> **您**
> 請寫一篇七言絕句
>
> **ChatGPT**
> 寒夜星光映玉樓，
> 夢中瑤影舞輕柔。
> 翠簾低垂閒思遠，
> 憶卻殘陽染霞浮。

上述 Prompt 是模糊的，因為 ChatGPT 只知道你要它做一首七言絕句，只能模糊地做一首七言絕句。

實例 2：請寫一篇七言絕句，內容是敘述我是明志科技大學畢業。

> **您**
> 請寫一篇七言絕句，內容敘述我是明志科技大學畢業
>
> **ChatGPT**
> 明志科大路曲轉，學海航程盡光陰。
> 知識花園種苗日，青春徜徉夢飛尋。

上述 Prompt 有列出是明志科技大學，在詩中可以描述明志科技大學。

實例 3：請寫一篇七言絕句，內容是敘述我從明志科技大學畢業 40 年了，明天要回明志科技大學演講，心情是激動與緊張的。

> **您**
> 請寫一篇七言絕句，內容是敘述我是明志科技大學畢業40年了，明天要回明志科技大學演講，內心是激動與緊張的。
>
> **ChatGPT**
> 四十載光陰明志路，畢業歲月憶心間。
> 明天演講情緒動，激動緊張交織顏。

上述出現第一句是 8 個字的小錯誤，下列是筆者提醒與 ChatGPT 的修正。

您
七言絕句是一段有七個字，但是你所造的七言絕句第一段是8個字，哪是錯誤的

ChatGPT
非常抱歉，感謝指正。以下是一篇符合七言絕句格式的敘述：

四十年來明志路，漫漫光陰憶畢業。
明日重訪熟悉地，激動心情難自裁。

上述 Prompt 增加了畢業年限，同時敘述了心情，因此 ChatGPT 可以更完整的用七言絕句描述心情。

使用 ChatGPT 時，我們要將與 ChatGPT 對話視為與一般人對話，如果可以給明確的詢問，ChatGPT 就可以針對你的詢問回應，這樣就會有一個美好的會話體驗。另外，ChatGPT 雖然是 AI 智慧的結晶，與他聊天必須注意，不要有不雅文句、辱罵、種族歧視的句子，同時 ChatGPT 仍在不斷學習中，它也像人類一樣會出錯，我們也可以給予正確訊息，相信 ChatGPT 會越來越強大。

2-1-2　更完整的認識 Prompt 的使用

前一節我們有了基本認知，若是更嚴謹的話，可以將與 ChatGPT 的對話用下列語法表示：

「目的」「輸入內容」「輸出格式」

上述「目的」是必要的輸入，這樣 ChatGPT 才知道如何回應你的問題。「輸入內容」「輸出格式」則是可有可無，視情況而定。對於簡單的對話，只要輸入目的即可。

如果需要更完整的表達對話，我們需要增加「輸入內容」，讀者可以參考前一小節的實例 2 和 3。使用 ChatGPT 時，基本上 ChatGPT 會有預設格式輸出，如果你覺得輸出格式不是你想要的，可以指定輸出格式。

實例 1：請用 100 個字描述 AI 發展的歷史。

> **您**
> 請用 100個字 描述AI的發展歷史
>
> **ChatGPT**
> 人工智慧（AI）歷經漫長發展，始於20世紀。50年代提出AI概念，60-70年代發展符號主義學派。80年代開始深度學習研究。90年代至2000年，AI應用嘗試，但發展乏力。2010年後，大數據、強化學習推動AI崛起。自然語言處理、圖像識別進展顯著。AI在醫療、交通、金融等領域應用廣泛，甚至擊敗人類在特定領域的競賽。不斷挑戰技術極限，AI已成為改變世界的力量，引領科技未來發展。

上述「100 個字」可以視為「目的」，「描述 AI 發展歷史」可以視為「輸入內容」。

註 1：在 AI 的應用中，字數只是一個大約數值的觀念，ChatGPT 不是真正產生此數字的文字，只是以此為基準產生大約此數值的文字數量。

註 2：不論是使用免費的 ChatGPT 3.5 或是付費的 ChatGPT 4，所回應的字數不會有額外費用產生。但是使用程式設計 AI 聊天程式時，會依據回應的字數產生費用，所以比較需要留意。

實例 2：請用 100 個字描述 AI 發展的歷史，請用要點方式輸出。

> **您**
> 請用100個字描述AI的發展歷史， 請用要點方式輸出
>
> **ChatGPT**
> 50s-60s：AI概念初現，符號主義學派崛起。
> 80s-90s：深度學習探索，技術遇挫。
> 2000s：應用不如預期，AI寒冬來臨。
> 2010s：大數據、強化學習帶來復興。
> 自然語言處理、圖像識別技術飛速發展。
> AI進軍醫療、交通、金融等領域，驚人成就。
> 挑戰人類極限，AI成為科技領袖，塑造未來。

上述「請用要點方式輸出」可以視為「輸出方法」。

2-1-3　使用上下引號標註輸入內容

在與 ChatGPT 的對話中，「輸入內容」適當引用上引號 (「) 和下引號 (」)，可以讓表達更清楚，例如：我們可以將上一小節的實例 1，使用下列方式表達：

請用 100 個字描述「AI 發展的歷史」

ChatGPT 可以認識「xxx」括起來的內容，未來我們也可以比較清楚。

實例 1：請用 100 個字描述「AI 發展的歷史」，請用要點方式輸出。

您
請用100個字描述「AI的發展歷史」，請用要點方式輸出

ChatGPT
50s-60s：AI概念興起，符號主義學派誕生。
80s-90s：深度學習研究，技術逐漸成熟。
2000s：應用受限，AI進入低谷，寒冬來臨。
2010s：大數據、強化學習引領復興，自然語言處理、圖像識別取得巨大進展。
AI走向實用，進入各行各業，挑戰人機互動、自主學習。
未來：AI持續演進，面臨倫理挑戰，助力創新與科技進步。

2-1-4　輸出一致的格式資料

設定輸出方法是重要的，假設讀者要 ChatGPT 描述下列主題：

- 「AI 發展的歷史」
- 「深度學習與圖像識別」
  …
- 「AI 的未來」

如果我們沒有設定輸出格式，可能會出現輸出格式不統一的問題，當直接指名輸出格式後，未來輸出格式就會統一。

如果不特別描述會用一般段落方式的輸出。

You
請用100個字描述NBA的發展史

ChatGPT
NBA成立於1946年，當時名為BAA。1950年BAA與NBL合併，成為NBA。1960至1970年代是籃球風靡全美的黃金時期，名宿如Russell、Chamberlain等傳奇球員崛起。1980年代則是Magic、Bird等球星的時代，籃球文化更深入普羅大眾。1990年代的Michael Jordan被譽為史上最偉大球員，帶領Bulls成為霸主。21世紀，全球化發展，球星如LeBron James、Stephen Curry帶動NBA在國際間的影響力增強。

除了 2-1-2 節的「要點」方式輸出外，如果用條列方式輸出，有時候會用左邊是「編號」的條列式輸出，有時候會用左邊是「圓點」的條列式輸出，所以為了統一建議可以直接指出左邊「格式」方法，輸出條列式的內容。下列是左邊是「編號」的條列式輸出實例。

 You
請用100個字描述NBA發展的歷史，請用左邊是編號的條列方式輸出

ChatGPT
1. 1946年，BAA成立，後更名為NBA。
2. 1950年，BAA與NBL合併，成為現今NBA。
3. 1960至70年代是籃球黃金時期，Russell、Chamberlain等球星崛起。
4. 1980年代，Magic、Bird等球星帶動籃球文化風靡全美。
5. 1990年代，Michael Jordan主宰聯盟，Bulls成為霸主。
6. 21世紀，全球化發展，球星如LeBron James、Stephen Curry擴大NBA影響力。

下列是左邊是「圓點」的條列式輸出實例。

 You
請用100個字描述NBA發展的歷史，請用左邊是圓點的條列方式輸出

⑤ **ChatGPT**
- 1946年，BAA成立，後更名為NBA。
- 1950年，BAA與NBL合併，成為現今NBA。
- 1960至70年代是籃球黃金時期，Russell、Chamberlain等球星崛起。
- 1980年代，Magic、Bird等球星帶動籃球文化風靡全美。
- 1990年代，Michael Jordan主宰聯盟，Bulls成為霸主。
- 21世紀，全球化發展，球星如LeBron James、Stephen Curry擴大NBA影響力。

我們也可以指示 ChatGPT 用表格方式輸出。

錦魁 **You**
請用100個字描述NBA發展的歷史，請用表格方式輸出

⑤ **ChatGPT**

年代	重要事件
1946	BAA成立，後改為NBA
1950	BAA與NBL合併成立現今NBA
1960-70	籃球黃金時期，Russell、Chamberlain等球星崛起
1980	Magic、Bird等球星帶動籃球風潮
1990	Michael Jordan主宰聯盟，Bulls成為霸主
21世紀	全球化發展，球星如LeBron James、Stephen Curry擴大NBA影響力

2-1-5　指定表格欄位

我們可以在對話中指定「表格式」輸出，同時用 column 指定欄位。

錦魁 **You**
請解釋下列英文名詞

表格式，column = 英文名詞，名詞完整英文，中文翻譯
　設定欄資料
NBA, MLB ←── 設定列資料

⑤ **ChatGPT**
當然，這兩個名詞是運動聯盟的縮寫：

英文名詞	名詞完整英文	中文翻譯
NBA	National Basketball Association	美國職業籃球聯賽
MLB	Major League Baseball	美國職業棒球大聯盟

2-1-6　Prompt 的類別整理

此外，我們也可以將 Prompt 的使用分成下列類別。

1：「問題」的 Prompt

這些問題旨在獲得特定的答案或資訊。例如，「日本的首都為何」或「太陽能是如何運作的」。

2：「完成工作」的 Prompt

這些為 ChatGPT 提供了一個起始點或一小段文字，並告訴它們如何完成它。例如，「那是一個月黑、風雨交加的夜晚，西太平洋發生了 …，故事主角感到 …」或「每天早起運動的一些好處是 …」。

3：「故事」的 Prompt

故事提示要求 ChatGPT 創造關於某個特定主題或主旨的故事或敘述。例如，「寫關於一個醒來睡美人的短篇故事」或「建立一個有關火星的神秘故事」。

4：「創意」的 Prompt

這些是開放式問題，要求 ChatGPT 生成一些創意作品，例如：詩詞、歌曲或劇本。例如：「寫一首關於愛情的詩」或「給予喜劇電影 (或文創產品) 主題，請求寫劇本」。

5：「情境對話」的 Prompt

這些提示要求 ChatGPT 創造在特定情境或背景下角色之間的對話。例如，「寫一個顧客與客服人員之間的對話」、「寫一個關於最近新聞事件的兩個朋友之間的對話」或「模擬業務與採購之間的對話」。

未來章節筆者會有系列的應用，讀者也須自我不間斷的練習，相信未來可以更容易駕馭 ChatGPT。

2-2　依據程度回應我們

筆者沒有學過「相對論」，想了解「相對論」，因此有了下列詢問。

> **您**
> 請解釋「相對論」

> **ChatGPT**
> 相對論是由阿爾伯特·愛因斯坦在20世紀初提出的一個物理學理論，主要包括兩個部分：特殊相對論和廣義相對論。
>
> 1. **特殊相對論（Special Relativity）**：提出於1905年，主要探討的是在相對靜止或恆定速度運動的參考框架中的物理現象。特殊相對論的兩個主要原則是光速恆不變和等效原則。其中，光速恆不變表示光在真空中的速度對所有觀察者都是相同的，而等效原則說明在加速運動中，重力和加速度的效果是相等的。
> 2. **廣義相對論（General Relativity）**：提出於1915年，是對引力的理論。愛因斯坦提出了一

ChatGPT 的回應很清楚，以標準程度，回應此問題。對話流暢，處理問題迅速。繼續往下捲動可以看到更多內容 (筆者省略)。

若是我們沒有提醒 ChatGPT，ChatGPT 會用一般方式與我們對話。「相對論」是一門深奧的學問，不容易懂，當我們感覺內容艱深難懂時，可以請求 ChatGPT 使用特定程度的方式回應。筆者這次改為請求 ChatGPT 使用小學生可以懂的方式「解釋相對論」，獲得了下列結果。

> **您**
> 請用 小學生 可以懂的方式解釋「相對論」

> **ChatGPT**
> 喔，相對論是一個很厲害的理論，是由一位很聰明的科學家愛因斯坦提出來的。它告訴我們一些有趣的事情，就像是時間和空間是彼此相關的。
>
> 首先，特殊相對論告訴我們光的速度是一樣的，無論你是在火車上、飛機上，甚至是在跑步，光的速度永遠都是一樣的。這對我們來說可能有點奇怪，但這是真的！

ChatGPT 的回應好簡單明瞭，用字也很順暢，讓人好容易懂。對話流暢，處理問題好快。

2-3　文案製作 - 描述主題到大綱制定

「AI 的未來」可能會是買這本書讀者關心的議題，接下來筆者嘗試用不同方式詢問此學科，然後了解 ChatGPT 的回應。

2-3-1　請用 100 個字回答「AI 的未來」

實例 1：請用 100 個字回答「AI 的未來」。

> **您**
> 請用100個字告訴我「AI的未來」
>
> **ChatGPT**
> AI未來將深刻改變生活。更先進的學習模型、自主系統將帶來更智能的產品與服務。AI應用將擴展至健康、交通、教育等領域，提高效率並創造新商機。同時，AI伴隨挑戰，如隱私保護、倫理議題需嚴肅面對。合作跨界、人機共融是未來AI發展關鍵，確保技術造福全人類，實現更安全、公正、可持續的未來。

2-3-2　請用 300 個字回答「AI 的未來」

可以看到，ChatGPT 用更豐富的內容描述「AI 的未來」。

實例 1：請用 300 個字告訴我「AI 的未來」。

> **您**
> 請用300個字告訴我「AI的未來」
>
> **ChatGPT**
> AI的未來將深刻塑造人類生活的方方面面。隨著技術的不斷發展，更強大的機器學習模型、智慧型系統將成為主流。未來的AI將不僅僅停留在傳統的圖像辨識、語音處理上，還將更加深入涉足自主決策、複雜問題解決等領域。
>
> 在醫療領域，AI將成為重要的合作夥伴，加速疾病診斷、個體化治療，提高醫療效能。交通領域，自動駕駛技術的進步將改變交通方式，提高安全性並減少交通事故。
>
> 教育方面，AI將為學生提供更加個性化的學習體驗，自適應學習系統將根據每個學生的需要調整教學內容。在工業製造領域，AI將進一步提高生產效率，實現智慧工廠的理念。

> 然而，AI的發展也帶來一系列挑戰，包括倫理問題、隱私風險、就業變革等。我們需要積極解決這些問題，建立健全的法規和準則，確保AI的應用符合人類價值觀並造福整個社會。
>
> AI的未來是合作的未來，人類和AI共同協作，克服挑戰，實現更加智慧、公正、可持續的社會。這需要全球合作，跨領域的努力，以確保AI的發展不僅能解決問題，更能讓未來更美好。

　　ChatGPT 用 300 字回應，講解了 AI 的未來應用和可能問題，清楚全面。用 100 字回應較簡短，僅概括了 AI 潛力與挑戰，缺少具體細節。

2-3-3　請 ChatGPT 制定大綱

實例 1：筆者想編寫「AI 的未來」，請 ChatGPT 建議內容大綱。

> **您**
> 我想寫一本「AI的未來」，請建議內容大綱
>
> **ChatGPT**
> 寫一本關於「AI的未來」的書是一個極具挑戰性和富有深度的主題。以下是一個可能的內容大綱，你可以根據自己的興趣和焦點進行調整：
>
> **第一章：導論**
>
> - AI的定義和基本概念
> - AI發展的歷史概述
> - AI在當今社會的角色

...

> **第七章：實際案例和成功故事**
>
> - 解釋成功的AI應用案例
> - 探索對於解決現實問題的潛在應用
>
> **第八章：結語**
>
> - 對AI未來的看法和展望
> - 規劃個人、企業或政府對於AI發展的角色
>
> 這只是一個起點，你可以根據自己的深度、焦點和讀者的需求來進一步細化和擴展每個章節。希望這個建議能對你撰寫這本書有所幫助！

從上述我們已經製作內容大綱了，接下來只要補上各章節內容就可以了，當然讀者也可以用 ChatGPT 產生。

2-3-4　序的撰寫

實例 1：請 ChatGPT 用 300 個字撰寫「AI 的未來」的序。

> **您**
> 請用300個字寫「AI的未來」的序

> **ChatGPT**
> 序：
>
> 當我們站在人工智慧（AI）的十字路口，迎接著未來的發展，一場深遠的變革正在向我們展開。這本書旨在深入探討AI的未來，揭示其在科技、社會和倫理層面的深遠影響。
>
> 在這個充滿挑戰和機會的時代，我們見證了AI技術的蓬勃發展。機器學習、深度學習、自然語言處理等技術帶來了前所未有的智能化應用，從醫療到交通、從教育到製造，AI正成為我們生活的無可或缺的一部分。

然而，這也伴隨著一系列挑戰和思考。我們需要思考倫理議題、隱私風險、就業變革等問題，以確保AI的發展符合人類價值觀。在這場技術浪潮中，人機共融和全球合作將是實現AI成功和可持續發展的關鍵。

這本書將引領讀者穿越AI的發展歷程，深入了解其技術原理、在不同領域的應用、所帶來的社會變遷，以及我們應該如何面對這個未知的未來。期望透過本書的探討，讀者能對AI的未來有更深入的認識，並參與塑造這個新時代的未來。在這光怪陸離的未來之中，讓我們攜手迎向一個更智慧、更人性化的明天。

2-4　摘要文章與產生心得報告

前一小節我們已經使用 ChatGPT 創作文章，其實 ChatGPT 也可以摘要或撰寫心得，請先用 ChatGPT 建立一篇小說故事。

您
請用300個字描述「漂亮女孩遊火星的故事」

ChatGPT
在這個充滿奇幻的故事中，一位漂亮女孩決定踏上一場前所未有的冒險，她的目的地竟是火星。搭著先進的太空船，她穿越星際黑暗，抵達了紅色的行星。

一抵達火星，她被眼前的美麗風景所震撼。紅色的沙漠、古老的山脈，奇異而迷人。她穿越無垠的火星地表，發現了未知的植物和生物。這片神秘的土地充滿了驚奇和新奇。

在她的冒險中，她結識了當地友善的居民——火星人。這些外表奇異的生物有著智慧和溫暖的心靈，與女孩分享他們的文化和智慧。她學會了火星人特有的語言，並參與了他們的慶典和儀式。

然而，這趟旅程也充滿了挑戰。她需要克服火星環境的極端條件，利用科技和創意找到解決問題的方法。這些挑戰使她更加堅強，讓她成長為一位堅毅而勇敢的冒險者。

最終，當她完成了在火星上的冒險，她帶著心中的美好回憶返回地球。這位漂亮女孩的故事不僅是一場奇幻的冒險，更是關於勇氣、友誼和對未知世界的探索。

2-4-1　摘要文章

請參考下圖內容。

您
請摘要上述「漂亮女孩遊火星的故事」

ChatGPT
漂亮女孩踏上太空船，前往火星展開奇幻冒險。她被紅色沙漠和古老山脈所吸引，發現火星生態的奇異之處。結識友好的火星人，學習他們的文化和語言，參與慶典和儀式。冒險中充滿挑戰，她巧妙運用科技和創意克服困難。最終，完成火星之旅，帶著成長和美好回憶返回地球，故事講述了勇氣、友誼和對未知世界的探索。

2-4-2　撰寫心得

請參考下圖內容。

您
請用上述「漂亮女孩遊火星的故事」撰寫心得。

ChatGPT
這位漂亮女孩遊火星的故事深深觸動了我，讓我感受到對未知的勇氣和對冒險的渴望。她不僅是一位外表美麗的冒險者，更展現了內在的堅毅和智慧。

故事中，火星的神秘風景、奇異生物和友好居民的描繪，讓我仿佛親歷其境。這不僅是一場科幻冒險，更是一場心靈之旅。她結識了火星人，學習了他們的文化，這種跨越星際的友誼讓我感受到不同文明之間的和諧。

在冒險過程中，她面臨著各種挑戰，但她用智慧和創意克服困難。這啟示了我們在面對未知時，應該充滿勇氣和冒險精神，尋找解決問題的創新途徑。

最終，當她回到地球時，帶著成長和美好回憶，我深感人類對於探索和冒險的渴求是不可抑制的。這個故事教導了我們要勇於追求夢想，勇敢地踏上未知的旅程，因為每一次冒險都是一次豐富心靈的機會。

↓

2-5　Emoji 符號

2-5-1　使用 Emoji 符號

「Emoji」一詞就是由「繪（E）」表示圖畫，和「文字（moji）」組成的。Emoji 符號是一種小圖標或表情符號，用於在數位通訊中傳達情感、概念或訊息。它們最初在 1990 年代末由日本手機用戶使用，後來隨著智慧手機和社交媒體的普及而在全球範圍內流行起來。Emoji 符號現在包含了各種各樣的圖像，從簡單的表情（如微笑或悲傷的臉）到動物、食物、運動、工作、天氣現象以及各種符號和物品。

Emoji 的使用可以使文字訊息更加生動、有趣，並有助於跨越語言和文化障礙傳達情感和概念。隨著時間的推移，它們不斷發展和擴展，以反映多元化的文化、生活方式和新概念。Emoji 已經成為數位通訊時代中一種重要的溝通工具，被廣泛使用並漸漸成為文化和語言的一部分。目前 Emoji 是依據 Unicode 標準管理，該標準確保在不同的設備和平台上能夠一致地顯示和使用這些符號。

同時 Emoji 符號的觀念也被應用在 ChatGPT 了，可以參考下列實例。

> **您**
> 請用300個字描述「漂亮女孩火星探險的故事」，描述內容中請適度加上Emoji符號
>
> **ChatGPT**
> 在這個令人著迷的故事中，一位 🌸 漂亮女孩 🌸 踏上了一場驚奇的火星探險。她登上太空船，穿越星際黑暗，抵達了 🔴 紅色的火星 🔴 。
>
> 一抵達火星，她被紅色沙漠和奇異的山脈所吸引，發現 👀 火星生態的奇異之處 👀 。在她的冒險中，她遇到了友好的 👾 火星人 👾 ，一同參與他們獨特的慶典和儀式。她學會了火星語言 🗣️ ，成為星際友誼的橋樑。
>
> 然而，火星的挑戰也等著她克服，她巧妙運用 🚀 科技和創意 💡 ，勇敢地面對極端的環境。這趟旅程不僅是一場科幻夢境，更是一場心靈的成長之旅。
>
> 最終，當她搭著太空船返回地球時，她帶回了火星的美好回憶 🖼️ 和成熟的心靈 🌱 。這位漂亮女孩的火星探險故事，彷彿是一場跨越宇宙的夢幻冒險，充滿了勇氣、友誼和對未知世界的無限好奇心。
>
> ↓

2-5-2　Emoji 符號的優缺點

使用 Emoji 符號在溝通中可以帶來多種優點和一些潛在的缺點：

❑　優點

- 表達情感：Emoji 提供了一種快速且直觀的方式來表達情感和情緒，有時文字本身無法完全傳達的。

- 簡潔性：使用 Emoji 可以在不使用太多文字的情況下傳達訊息，使溝通更為簡潔。

- 增加互動性：Emoji 能增添對話的趣味性和互動性，使對話更加生動有趣。

- 跨文化交流：許多 Emoji 是普遍認識的，可以幫助跨文化交流，尤其是當語言障礙存在時。

❑　缺點

- 多意性和曖昧性：不同的人可能對同一個 Emoji 有不同的理解，這可能導致溝通的混淆或誤解。

- 非正式：在某些正式或專業的溝通場合，使用 Emoji 可能顯得不夠專業或輕率。

● 過度依賴：過度依賴 Emoji 可能會降低語言表達的精確性和豐富性，尤其是在重要或複雜的溝通中。

● 更新和兼容性問題：隨著新 Emoji 的不斷推出，舊設備或系統可能無法正確顯示最新的符號，導致溝通障礙。

總的來說，Emoji 是一種強大的溝通工具，但使用時需要考慮場合和對象，以避免可能的溝通錯誤。

2-6 摘要世界名著

目前世界名著已經輸入 ChatGPT，所以我們也可以直接告知 ChatGPT 為我們摘要世界名著。

2-6-1 老人與海

> **您**
> 請用150個字摘要「老人與海」的內容
>
> **ChatGPT**
> 《老人與海》是海明威的經典之作，講述一位叫聖地亞哥的老漁夫，他與一條大馬林魚的激烈對抗。漁夫花三天三夜奮戰，最終捕獲了巨大的馬林魚，但在歸途中被鯊魚群剝奪。雖然失去了魚，老漁夫對生命的堅持和自然的力量充滿敬畏。這是一部描繪毅力、勇氣和生命哲學的小說，通過老漁夫的奮鬥，表達對生命的深刻思考。

2-6-2 水滸傳

ChatGPT 不僅可以摘要美國著名小說，也可以摘要中國著名小說。

> **您**
> 請用150個字摘要「水滸傳」的內容
>
> **ChatGPT**
> 《水滸傳》是中國古典小說之一，描繪宋朝末年豪傑梁山泊的故事。主要講述宋江等英雄因冤屈被迫成盜賊，聚義搭救受害者。他們在梁山泊組織起義軍，與朝廷抗爭。小說豐富多彩的人物群像，展現了各種性格、命運和義氣。每位英雄都有獨特的故事和技能，他們的忠義、仁義和愛情情節貫穿整個故事。小說通過對人性的揭示，呈現了一幅壯闊的武俠史詩，深受讀者喜愛。

2-7　創意簡報 PowerPoint

2-7-1　ChatGPT 自創簡報

ChatGPT 也可以為我們建立簡報，可以參考下列 ChatGPT 所建立的「Apple 公司」簡報實例。

> **您**
> 請用3頁簡報介紹「Apple公司」
>
> **ChatGPT**
> 第一頁：公司簡介
>
> **標題：Apple Inc. - 革新科技的引領者**
>
> 1. **公司名稱**：Apple Inc.
> 2. **創辦人**：史蒂夫·賈伯斯、史蒂夫·沃茲尼亞克、羅恩·韋恩
> 3. **成立時間**：1976年4月1日
> 4. **總部**：加利福尼亞州庫比蒂諾
> 5. **使命宣言**："Think Different" - 不同凡想
> 6. **核心價值觀**：創新、設計、用戶體驗

> 第二頁：創新技術的引領者
>
> 1. **iPhone的革命**：iPhone的推出重新定義了智能手機的標準，結合了創新的螢幕技術、簡潔的設計和強大的性能。
> 2. **iPad的崛起**：iPad的推出打破了平板電腦的傳統，成為一個全新的產品類別，改變了人們對於移動計算的看法。
> 3. **Mac的設計精緻**：MacBook系列產品注重設計和用戶體驗，成為專業人士和創作者的首選工具。
> 4. **生態系統的建立**：Apple建立了一個強大的生態系統，涵蓋硬體、軟體和服務，使用戶在不同設備間實現無縫的整合。

> 第三頁：社會責任與未來展望
>
> 1. **社會責任**：Apple致力於可持續發展和環境保護，推動用戶隱私保護，並積極參與慈善事業。
> 2. **未來展望**：Apple將繼續致力於創新，推動科技發展，探索新的產品和服務，以滿足不斷變化的用戶需求。公司目標在科技領域保持領先地位，同時堅持創新和設計價值觀。
>
> **結語**：Apple Inc. 不僅是一家科技公司，更是一個引領產業潮流的先驅。透過不斷的創新和對用戶體驗的關注，Apple持續塑造著現代科技生態系統，影響著全球數以億計的用戶。

　　坦白說 ChatGPT 是一個有智慧的產品，因此，前面實例建立簡介「Apple 公司」簡報時，筆者只告訴 ChatGPT 建立 3 頁簡報，ChatGPT 可以由 3 頁內容中自行規劃不錯的內容。

2-7-2　指揮 ChatGPT 建立簡報

　　當然我們也可以給 ChatGPT 簡報內容方向，然後讓 ChatGPT 依據這個方向建立簡報。

您

我想建立簡報介紹「AI」，第一頁是「AI的歷史」，第二頁是「AI」的現況，第三頁是「AI的未來」，每一頁不要超過100個字，同時加上Emoji符號

ChatGPT

第一頁：AI的歷史 💬

自20世紀中葉開始，人工智慧（AI）的發展歷經波折。從最初的符號邏輯到神經網絡的興起，AI的演進彰顯出人類對智能的不懈追求。

第二頁：AI的現況 🤖

今日，AI已深入我們的生活。從語音助手到自駕車，AI技術不斷革新，應用範疇擴展至醫療、金融、製造等各行各業，為人類帶來便利與效能。

第三頁：AI的未來 🚀

展望未來，AI將進一步改變我們的世界。強化學習、量子運算等技術的發展將帶來更強大的智慧，助力解決全球性挑戰。AI不僅是科技的未來，更是人類進步的引擎。

2-7-3　將簡報轉為網頁檔案

　　我們也可以將簡報轉為 HTML 網頁格式，方便展示簡報。

這是一個基本的HTML文件，每一頁內容被包裹在 `<div class="slide">` 中。你可以根據需要進一步調整樣式和佈局。

讀者可以點選程式碼框右上方 Copy code，複製程式碼到記事本，如下：

```
新增 文字文件 (3)                              +        — ☐ ✕

檔案    編輯    檢視                                       ⚙

<!DOCTYPE html>
<html lang="en">

<head>
    <meta charset="UTF-8">
    <meta http-equiv="X-UA-Compatible" content="IE=edge">
    <meta name="viewport" content="width=device-width, initial-scale=1.0">
    <title>AI簡報</title>
    <style>
        body {
            font-family: 'Arial', sans-serif;
            text-align: center;
        }

        .slide {
            margin: 20px;
            padding: 20px;
            border: 1px solid #ccc;
            border-radius: 10px;
            box-shadow: 0 4px 8px rgba(0, 0, 0, 0.1);
        }
    </style>
```

請執行檔案 / 另存新檔指令可以看到另存新檔對話方塊。

請選擇ch2 資料夾,在存檔類型欄位選擇「所有檔案」,檔案名稱欄位輸入「ch2_1. html」,然後按存檔鈕。未來可以在 ch2 資料夾看到此檔案,點選 ch2_1.html,可以使用瀏覽器開啟此檔案,如下所示:

2-7-4　PowerPoint 簡報檔案

前一小節雖然完成了網頁呈現的簡報,但是無法在 PowerPoint 上使用。如果要建立可以直接使用 PowerPoint 上應用的簡報檔案,必須取消外框和 Emoji 文字。下列是在 ChatGPT,筆者要求重新建立簡報檔案。

下列是將 HTML 拷貝到記事本的結果。

```
<!DOCTYPE html>
<html lang="en">

<head>
    <meta charset="UTF-8">
    <meta http-equiv="X-UA-Compatible" content="IE=edge">
    <meta name="viewport" content="width=device-width, initial-scale=1.0">
    <title>AI簡報</title>
    <style>
        body {
            font-family: 'Arial', sans-serif;
            text-align: center;
            margin: 20px;
            padding: 20px;
            border: 1px solid #ccc;
            border-radius: 10px;
            box-shadow: 0 4px 8px rgba(0, 0, 0, 0.1);
        }
    </style>
</head>

<body>
```

請在 <head> 和 </head> 間，只保留「<title>AI 簡報 </title>」，同時刪除 <body> 和 </body> 之間標題的 Emoji 文字，可以得到下列結果。

```
<!DOCTYPE html>
<html lang="en">

<head>
    <title>AI簡報</title>
</head>

<body>

    <h2>AI的歷史</h2>
    <p>
        自20世紀中葉開始，人工智慧（AI）的發展歷經波折。
        從最初的符號邏輯到神經網絡的興起，AI的演進彰顯出人類對智能的不懈追求。
    </p>

    <h2>AI的現況</h2>
    <p>
        今日，AI已深入我們的生活。從語音助手到自駕車，AI技術不斷革新，
        應用範疇擴展至醫療、金融、製造等各行各業，為人類帶來便利與效能。
    </p>

    <h2>AI的未來</h2>
```

請將上述儲存至 ch2 資料夾的 ch2_2.html。

接下來是要用 Word 開啟此 ch2_2.html 檔案，開啟後要進入 Word 的大綱模式，將上述標題格式化成大綱的標題樣式，例如：主要標題格式化成標題 1，次要標題格式化成標題 3。當 Word 文件變為大綱模式後，PowerPoint 就可以將大綱模式的文件轉成簡報檔案。筆者將「AI 的歷史」、「AI 的現況」、「AI 的未來」格式化成標題 1，將「內文」格式化成標題 3，如下所示：

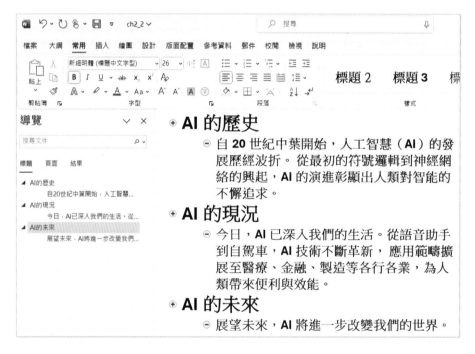

執行檔案 \ 另存新檔指令，請選擇 ch2 資料夾，檔案名稱欄位輸入「AI」，存檔類型選擇「Word 文件」。

上述請按儲存鈕。接下來就可以用 PowerPoint 開啟此簡報檔案。

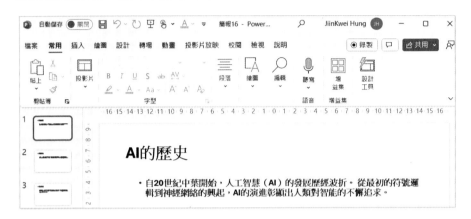

執行結果儲存在 ch2 資料夾，檔案名稱是「AI 時代 .pptx」。

2-8　行程規劃

ChatGPT 除了擁有完整的知識，也是一個有邏輯的 AI，這一節將講解有關旅遊行程的規劃。在行程規劃中，我們只要告知「景點」與「天數」，就可以獲得一個好的結果。

2-8-1　行程規劃

第二天：現代都市探險

1. 早上：築地市場 - 享受美味的壽司早餐。
2. 上午：東京塔 - 登上觀景台，俯瞰整個東京市區。
3. 中午：台場（Odaiba） - 探索未來感的城市娛樂區域，參訪數字藝術博物館 teamLab Borderless。
4. 下午：自由行購物或品嚐美食，如台場附近的大江戶溫泉物語。
5. 晚上：Rainbow Bridge夜景，或者在Palette Town觀覽車中欣賞城市夜色。

第三天：自然與商業區

1. 早上：新宿御苑 - 在這片美麗的皇家花園中漫遊。
2. 上午：新宿區 - 逛商場（例如伊勢丹百貨），探索歌舞伎町，或參觀東京都廳觀景台。
3. 中午：原宿 - 品嚐當地小吃，逛竹下通。
4. 下午：明治神宮 - 參拜日本神社，感受寧靜神聖的氛圍。
5. 晚上：表參道 - 享受美食，探索精品店，感受東京時尚文化。

這只是一個建議，你可以根據自己的喜好進行調整。在東京有許多不同的景點和活動等著你發現！

如果我們在行程規劃時，不設定日期，ChatGPT 會依據景點特性，自行規劃完善的時間。註：下列是部份內容，讀者可以自行測試了解完整行程與規劃。

 您
請協助規劃東京旅遊行程

 ChatGPT
當然！以下是一個簡單的4天3夜東京旅遊行程，涵蓋了不同的景點和體驗。你可以根據個人喜好和興趣進行調整。

第一天：歷史與傳統文化

1. 早上：淺草寺（Asakusa） - 參拜雷門，探索仲見世街區。

第二天：現代都市探險

第三天：自然與商業區

> **第四天：自由活動與文化體驗**
>
> 1. 早上：自由活動，可以選擇回訪喜歡的地方或者進行最後的購物。
> 2. 中午：在文化體驗中心體驗傳統茶道或者和服體驗。
> 3. 下午：自由活動，探索附近的景點或者博物館。
> 4. 晚上：最後一頓日本料理晚餐，可以選擇特色餐廳或者居酒屋。
>
> 這只是一個參考行程，你可以根據自己的興趣和時間進行調整。希望你有一個美好的東京之旅！

2-8-2　景觀知識

筆者詢問「極光」的知識。註：下列只有輸出部分內容。

> **您**
> 我想去看極光，請給建議
>
> **ChatGPT**
> 極光是一項令人難以忘懷的自然奇觀，通常在極地地區可見。以下是一些建議，幫助你計劃一趟極光之旅：
>
> 1. **選擇合適的地點**：極光主要出現在磁極附近的極地地區，如冰島、挪威、芬蘭、瑞典、加拿大的極光圈等。挑選一個容易觀測到極光的地區。
> 2. **確定最佳觀測時間**：極光最容易在極地的冬季觀測到，通常在9月到翌年3月之間。冬季天暗時間長，且天空晴朗的機會較大。
> 3. **預測太陽風暴**：太陽風暴是引發極光的主要原因。可以使用一些網站或應用程式，如 **Space Weather Live**，來追蹤太陽風暴的預報。
> 4. **選擇多天的行程**：極光的出現是不確定的，有時可能需要等待。選擇一個較長的行程，以增加看到極光的機會。

筆者想去「冰島」欣賞極光，請 ChatGPT 給建議。

> **您**
> 我想去冰島看極光，請給建議

> **ChatGPT**
> 冰島是一個極為適合觀賞極光的地方，以下是一些建議：

1. **最佳時間**：極光在冰島通常在9月到翌年3月之間可見。冬季的長夜和寒冷的氣候提供了理想的條件。
2. **選擇南部地區**：冰島的南部，特別是雷克雅維克以南的地區，是觀賞極光的熱門地點，因為雲層較少且較容易達到。
3. **遠離光污染**：選擇遠離城市的地區，以減少光污染，提高觀測極光的效果。冰島的偏遠地區和國家公園是不錯的選擇。
4. **預測極光**：使用天氣和極光預報工具，如Icelandic Met Office的網站或app，以了解當地極光的預測情況。此外，也有一些社交媒體群組和網站，供旅行者分享極光照片和預測信息。

2-9　賀詞的應用

筆者語言能力不佳，無法用很精準方式表達祝賀詞，下列是一系列的應用。

❑ 新年賀詞

> **您**
> 請列舉新年的賀詞

> **ChatGPT**
> 當然可以！以下是一些常見的新年賀詞：
>
> 1. 恭賀新禧，萬事如意！

...

> 10. 願你在新的一年中，充滿希望，擁有美好的未來！
>
> 這只是一小部分的賀詞，你可以根據對方的情況和你的祝福內容做一些調整，讓賀詞更貼切和溫馨。

❏ 中秋節賀詞

> JI 您
> 請列舉中秋節的賀詞
>
> ⑨ **ChatGPT**
> 當然，這裡有一些常見的中秋節賀詞：
>
> 1. 中秋佳節到，月圓人更圓，祝你合家團圓，幸福美滿。

···

> 10. 在這圓滿的季節，祝你和家人中秋快樂，幸福美滿。
>
> 這些賀詞可以表達對親朋好友的祝福，讓中秋節更加溫馨和幸福。

❏ 職場升遷賀詞

> JI 您
> 請列舉職場升遷的賀詞
>
> ⑨ **ChatGPT**
> 當同事或朋友在職場中取得升遷時，可以用以下的賀詞來表示祝福和鼓勵：
>
> 1. 恭喜你的升遷！這是你辛勤工作的結果，希望你在新的職位上繼續光彩奪目。

···

> 10. 恭喜你成功晉升，希望你在新的崗位上事業蒸蒸日上，更上層樓。
>
> 這些建議可以根據你對該同事或朋友的關係進行適當的調整，以表達出真誠的祝福和鼓勵。

❏ 生日賀詞

> **您**
> 請列舉生日的賀詞
>
> **ChatGPT**
> 當然,這裡有一些常見的生日賀詞,可以用來祝福親朋好友:
>
> 1. 生日快樂!願你的一年比前一年更加美好。

...

> 10. 在這美好的一天,送上我最真摯的祝福,生日快樂!
>
> 這些賀詞可以根據對方的喜好和你們之間的關係做一些調整,讓祝福更加貼切。希望能為你提供一些靈感!

❏ 婚禮賀詞

> **您**
> 請列舉婚禮的賀詞
>
> **ChatGPT**
> 當朋友或親人舉行婚禮時,可以用以下的賀詞來表示祝福和祝賀:
>
> 1. 祝福你們有一個幸福美滿的婚姻生活,白頭偕老。

...

> 10. 在這美好的日子裡,祝你們幸福結連,愛情永存。
>
> 這些建議可以根據你對新人的了解和與他們的關係進行適當的調整,以表達出真誠的祝福和祝賀。

2-10　租賃合約

我們也可以讓 ChatGPT 協助撰寫雅房出租的合約，下列只有輸出精華。

> **您**
> 我有一間雅房要出租，請協助擬定出租合約
>
> **ChatGPT**
> 當你要出租雅房時，擬定一份出租合約是非常重要的，這有助於確定雙方的權利和義務，並提供雙方法律保護。以下是一份簡單的出租合約範本，請根據實際情況進行修改：
>
> **出租合約**
>
> **甲方（出租人）：**
>
> 姓名：[你的姓名]
>
> 聯絡地址：[你的地址]　　　　　↓

…

> **租金及支付方式：**
>
> 1. 租金金額：每月[TWD XXXX]元整（大寫：[金額大寫]）。
> 2. 租金支付方式：承租人應於每月[租金支付日]日前，以現金／匯款方式支付租金至甲方指定之帳戶。
>
> **押金：**
>
> 承租人應於租賃期間開始時支付押金[TWD XXXX]元整（大寫：[金額大寫]）。押金將於租期屆滿且房屋交還完好無損時全額退還。
>
> **租賃條件：**
>
> 1. 承租人應於租期開始時支付第一個月的租金及押金。
> 2. 承租人應於每月固定日期支付租金。
> 3. 租賃期內，如有任何房屋損壞，應由承租人負責修復或支付相應修復費用。
> 4. 不得將房屋轉租或轉借他人使用，否則視為違約行為。　↓
> 5. 甲方應保證租賃物件的基本居住功能，並在合理範圍內維護修繕。

第 3 章
學習與應用多國語言

　　ChatGPT 也可以是一套多國語言的翻譯系統，過去筆者曾經聘請一位老美當作私人家教，每當筆者想到一個名詞，不知道如何表達時，就請這位老美翻譯，有了 ChatGPT，現在筆者有想要了解的名詞時，可以透過和 ChatGPT 交談立即獲得結果。

　　當然 ChatGPT 更重要的是，可以依據你的需求、情境說明產生一段文字，或是將我們寫的台灣式英文文章改為道地的老美語法文章。過去台灣有許多翻譯社，將學生的論文翻譯成英文，隨著 ChatGPT 興起，這個行業也將沒落。

註　Google 也有翻譯功能，經過筆者測試，ChatGPT 的翻譯能力是優於 Google 翻譯。

3-1　名詞的翻譯

3-1-1　形容美女的英文

　　筆者學習英文多年，只知道使用 beautiful 形容女子很漂亮，現在可以由 ChatGPT 得知，可以更優雅或是更有學問的形容女子很美。

> **您**
> 請列舉形容女孩「很美麗」的英文單字，同時右邊要加註中文翻譯

> **ChatGPT**
> 當形容女孩「很美麗」時，你可以使用以下一些英文單字，同時附上中文翻譯：
>
> 1. Gorgeous（華麗的）
> 2. Stunning（令人驚艷的）
>
> ...
>
> 15. Dazzling（耀眼的）
>
> 希望這些詞彙能夠幫助你形容女孩的美麗！

3-1-2　出國旅遊與相關的英文單字

ChatGPT 輸出與出國旅遊相關的英文單字。

> **您**
> 請列舉「出國旅遊」相關的英文單字,同時右邊要加註中文翻譯

> **ChatGPT**
> 當描述「出國旅遊」相關的情境時,以下是一些相關的英文單字,同時附上中文翻譯:
>
> 1. Passport(護照):身份證明文件,通常用於國際旅行。
> 2. Visa(簽證):允許進入其他國家的官方文件。

...

> 15. Accommodation(住宿):在旅行中的居住處所,如飯店、旅館等。
>
> 這些詞彙可用於描述出國旅遊時相關的概念和流程。

3-1-3　吃飯

相信大多數人會用早餐 (breakfast)、午餐 (lunch)、早午餐 (brunch) 和晚餐 (dinner) 的英文,但是「吃飯」的英文,筆者一下也忘記了。筆者輸入『請列舉「吃飯」相關的英文單字,同時右邊要加註中文翻譯』。

> **ChatGPT**
> 當描述「吃飯」相關的情境時,以下是一些相關的英文單字,同時附上中文翻譯:
>
> 1. **Dine**(用餐)
> 2. **Eat**(吃)

...

> 25. **Digest**(消化)
>
> 這些詞彙可以用於描述吃飯的不同方面,包括用餐的時間、餐點種類、飲食文化等。

3-1-4　建立英文學習機

前面幾小節我們中規中矩輸入完整句字，然後由「」引號，讓 ChatGPT 協助我們輸出指定的英文相關單字練習英文，我們也可以利用訓練 ChatGPT，建立「英文學習機」，讓未來我們在這個對話方塊輸入單字，ChatGPT 自動輸出相關單字，這樣相當於建立了「英文學習機」。下面是訓練過程：

上述訓練結束，ChatGPT 自動建立了「Translate Chinese to English」聊天標題，可以參考下方左圖。下方右圖是將此標題名稱改為「英文學習機」

未來，筆者點選「英文學習機」聊天標題，只要輸入中文，ChatGPT 就自動將筆者輸入中文翻譯，同時列出相關含中文註解的英文單字。下列是「出國旅遊」的實例。

下列是「機器學習」的實例。

> **您**
> 機器學習

> **ChatGPT**
> "機器學習" 可以翻譯為 "Machine Learning"。以下是一些相關的英文單字：
>
> 1. 機器學習 (Machine Learning)
> 2. 人工智慧 (Artificial Intelligence)

···

> 19. 過擬合 (Overfitting)
> 20. 交叉驗證 (Cross-validation)

3-1-5　建立英文翻譯機

這一節將使用 ChatGPT 建立英文翻譯機，建立原理和前一小節類似，下列是建立英文翻譯機的實例。

> **您**
> 你現在是「英文翻譯機」，當我輸入「中文」時，你需翻譯成英文

> **ChatGPT**
> 當然，請問有什麼我可以幫你翻譯的中文內容嗎？

註 如果讀者使用 ChatGPT 時，所出現的聊天標題不是「英文翻譯機」，可以自行將此標題名稱改為「英文翻譯機」。

未來點選「英文翻譯機」聊天標題，只要輸入中文，ChatGPT 就自動將筆者輸入中文翻譯成英文，下列是實例。

> 您
> 深度學習與AI時代
>
> ChatGPT
> "深度學習與AI時代" 可以翻譯為 "The Era of Deep Learning and AI"。
>
> 您
> 我愛旅遊，特別喜歡接近大自然
>
> ChatGPT
> "I love traveling, especially getting close to nature."

3-2 翻譯一句、一段或是一篇文章

　　了解了翻譯功能，如果在職場需要常常撰寫英文文件，可是苦於英文太差，可以借用 ChatGPT 功能。或是讀者是學生，想要發表論文，無法完整表達英文，可以將寫好的文章讓 ChatGPT 協助轉譯，可以事半功倍。

3-2-1 翻譯一句話

> 您
> 請翻譯「請問如何購買DeepWidsom公司出版的書籍」為英文
>
> ChatGPT
> "How can I purchase books published by DeepWisdom company?"

3-2-2 翻譯一個段落

下列是筆者嘗試將撰寫「機器學習」著作的部分序內容，翻譯的結果。

您
請翻譯下列段落為英文
人工智慧簡單的說是指透過電腦程式來呈現人類智慧的技術，然後將此技術應用在各種不同的領域。本書將介紹機器學習需要的基礎數學、機率、部分線性代數、基礎統計知識，同時將這些知識應用在一系列真實數據的分析。

ChatGPT
Artificial intelligence, in simple terms, refers to the technology that replicates human intelligence through computer programs and applies this technology to various fields. This book will introduce the foundational mathematics, probability, some linear algebra, and basic statistical knowledge required for machine learning. Additionally, it will apply these concepts to the analysis of a series of real-world data.

3-2-3 翻譯一篇文章

下列是翻譯更多段落的文章為英文。註：只輸出部分翻譯內容。

您
請翻譯下列段落為英文
監督學習是用來預測目標變數的機器學習方法，在監督學習中，我們有一個明確的目標或結果變數，這個變數在學習過程中起著導向的作用。換句話說，機器學習模型在訓練過程中會利用已知的輸入和輸出數據(也就是「標籤」數據)進行學習，目的是找到輸入和輸出之間的關係，以便對新的未知輸入數據進行預測。
對於監督學習而言，我們可以將實際觀測數據分為訓練數據與測試數據，一般常將80%(或70%)數據用於訓練，20%(或30%)數據用於測試。
這些訓練數據有輸入(也可想成數據的特徵features)，以及相對應的輸出數據(也可想成目標target)，然後使用這些訓練數據可以建立機器學習的模型。

ChatGPT
Supervised learning is a machine learning approach used to predict a target variable. In supervised learning, there is a clear goal or outcome variable that plays a guiding role in the learning process. In other words, the machine learning model learns during the training process using known input and tput data (also known as "label" data) to identify the relationship between the input and output, enabling predictions for new,

3-3　文章潤飾修改

筆者所寫的英文是台灣式的英文，這時也可以請求 ChatGPT 協助潤飾語法、語法檢查或單字錯誤修正，下列是筆者的實例。

> 您
> 請修改與潤飾下列英文
> Mr. Jiin-Kwei Hung has ever studied two course which I taught Mechanical Drawing and Machine Design. In this period, he has ever assisted me for drawing construction and make a book relative mechanical drawings published smoothly therefore, I have a deep image in him.

> ChatGPT
> Mr. Jiin-Kwei Hung has taken two courses under my instruction: Mechanical Drawing and Machine Design. During this time, he assisted me in creating construction drawings and played a significant role in the smooth publication of a book related to mechanical drawings. As a result, I have a strong and positive impression of him.

3-4　新聞翻譯

在國際化的今日，讀者可能要常常拜訪國外網站，若是無法掌握新聞內容，也可以透過 ChatGPT 翻譯，下列是實例。

> 您
> 請翻譯下列英文為繁體中文
> The Biden administration announced Tuesday it will uphold a U.S. International Trade Commission order banning the sale of certain Apple Watches.
>
> According to a release by the Office of the United States Trade Representative, Ambassador Katherine Tai declined to reverse an Oct. 26 ITC decision that found a blood-oxygen tracking feature in Apple Watches infringed on existing patents.
>
> Apple did not immediately respond to USA TODAY's request for comment, but Reuters reported that Apple filed an emergency request to the U.S. Court of Appeals for the Federal Circuit to halt the ban.
>
> Here is what else to know about the Apple Watch ban.

> ChatGPT
> 拜登政府周二宣布將支持美國國際貿易 ↓ 會的一項禁令，禁止銷售特定型號的蘋果手錶。

> 根據美國貿易代表辦公室的聲明，駐美國大使凱瑟琳·泰拒絕撤銷10月26日國際貿易委員會的決定，該決定認為蘋果手錶中的血氧追踪功能侵犯了現有的專利。
>
> 蘋果公司未立即回應《今日美國》對其評論的請求，但路透社報導稱蘋果已向美國聯邦巡迴上訴法院提出緊急請求，要求暫停禁令。
>
> ↓
>
> 以下是有關蘋果手錶禁令的其他相關資訊。

上述文章取材自下列網址
https://www.usatoday.com/story/tech/news/2023/12/26/new-apple-watch-banned-in-us/72032095007/

3-5 多語系的應用

3-5-1 日文的應用

下列是日文翻譯的實例。

您
請將「早安，你好」翻譯成日文

ChatGPT
"早安，你好" 的日文翻譯是「おはようございます、こんにちは」(Ohayou gozaimasu, Konnichiwa)。

3-5-2 韓文的應用

下列是韓文翻譯的實例。

您
請將「韓國滑雪之旅」翻譯成韓文

ChatGPT
"韓國滑雪之旅" 的韓文翻譯是 "한국 스키 여행" (Hanguk Seuki Yeohaeng)。

3-5-3　中文翻譯成其他語系

這一節將使用法文為實例,讀者可以將觀念應用在德文或是其他語系。

> JI　您
> 請將「巴黎是時尚之都」翻譯成法文
>
> ⑨　ChatGPT
> "巴黎是時尚之都" 的法文翻譯是 "Paris est la capitale de la mode"。

筆者不懂法文,因此請求將前一個句子翻譯成英文,得到下列結果。

> JI　您
> 請將法文「Paris est la capitale de la mode」翻譯成英文
> ✎
>
> ⑨　ChatGPT
> "Paris est la capitale de la mode" 的英文翻譯是 "Paris is the capital of fashion."

經過上述翻譯,筆者確定所翻譯的法文是沒有問題的。

第 4 章
文藝創作與戀愛顧問

　　詩、詞、文藝與小說，坦白說對非文學系的筆者而言，是非常生疏，這一章將探討 ChatGPT 在這方面的能力。

　　筆者是學電腦科學，文筆比較弱，本章除了讓 ChatGPT 帶我們寫約會信，同時筆者也教導讓 ChatGPT 做我們的交友顧問。

4-1　詢問 ChatGPT 對詩詞的基本認識

> **您**
> 你認識中國的詩嗎

> **ChatGPT**
> 是的，我了解中國的詩，中國有著悠久的詩歌傳統，詩在中國文學中一直扮演著極其重要的角色。古代中國的詩歌主要有律詩、詞、曲等形式，而且每一種形式都有其特定的結構和風格。
>
> 1. **律詩**：律詩是古典詩歌的一種形式，有嚴格的格律和押韻規則。唐詩就以五言律詩為代表，每首五言律詩有五個字一句，共七言八句。
> 2. **詞**：詞是一種以表達抒發感情為主的短詩歌形式。宋詞是詞的一個經典時期，以豐富的意境和細緻的描寫而聞名。
> 3. **曲**：曲是以歌唱為主的詩歌形式，元曲是曲的一個代表。元曲融合了詩歌、音樂、舞蹈，形成獨特的藝術風格。

> 一些著名的古代詩人包括李白、杜甫、王維、蘇軾、辛棄疾等，他們的作品在中國文學史上佔據著重要地位。近現代的詩人如魯迅、徐志摩、余光中等也為中國現代詩歌的發展做出了卓越貢獻。
>
> 中國的詩歌不僅在文學上有著豐富的內涵，也反映了中國人民的思想、情感、對自然的感悟等多方面的內容。

　　從上述回答可以確定 ChatGPT 了解中國詩詞，同時可以隨時了解中國最經典的詩詞，下列是詢問 ChatGPT 是否知道現代詩。

> **Ji　您**
> 你知道現代詩嗎

> **ChatGPT**
>
> 是的，我知道現代詩。現代詩是相對於古典詩而言的一個概念，通常指的是19世紀末至20世紀初以後的詩歌形式。現代詩的特點在於對傳統形式的打破，以及對新的語言和表達方式的嘗試。
>
> 以下是一些現代詩的特點和發展趨勢：
>
> 1. **自由意識**：現代詩強調個體的情感、思想和經驗，突破了古典詩的嚴格格律和押韻要求。詩人更加注重表達內心真實的感受，展現個體獨立的意識。
> 2. **自由形式**：現代詩的形式多樣，不拘泥於傳統的詩歌形式，允許詩人更加靈活地運用語言、節奏和排版，甚至在詩的結構上進行實驗。
> 3. **現代主義**：現代詩在20世紀初迎來現代主義的浪潮，這一運動強調對社會、傳統和語言的懷疑，以及對實驗性表達的追求。著名的現代主義詩人包括提·艾略特（T.S. Eliot）、艾茲拉·庞德（Ezra Pound）等。

> 4. **後現代主義**：在20世紀後期，後現代主義進一步挑戰了統一的敘事和意義，強調語言的多義性和文本的分裂性。這一時期的詩人常常通過碎片化的形式和融合不同文本元素的方式進行表達。
> 5. **多元文化**：現代詩也反映了全球化和多元文化的趨勢，詩人通過跨文化的對話和多元的主題，探討人類共同的經驗和挑戰。
>
> 值得注意的是，現代詩的發展在不同的文學和文化背景中可能有不同的表現形式，並且隨著時間的推移，現代詩的定義和風格也在不斷演變。

4-2　七言絕句

4-2-1　了解 ChatGPT 對七言絕句的知識

詢問 ChatGPT 是否知道七言絕句。

您
你知道七言絕句

ChatGPT
是的，七言絕句是一種古典詩歌形式，主要指每句詩有七個字。這種詩歌形式在中國古典文學中非常常見，特別是在唐詩時期，七言絕句是一種廣泛使用的詩體。

基本上，一首七言絕句由四句組成，每句七個字，總共28個字。這種結構給予詩人一個相對固定的框架，同時也具有律動感和韻律感，使得詩歌在音韻上更加和諧。

以下是一首著名的七言絕句範例，出自唐代詩人杜甫的《秋夕》：

銀燭秋光冷畫屏，

輕羅小扇撲流螢。

天階夜色涼如水，

臥看牽牛織女星。

這首詩描繪了中秋夜晚的景色，包括冷清的秋光、明亮的銀燭、輕盈的羅帷，以及天階上升的涼爽夜色。通過簡潔而生動的描寫，杜甫成功地表達了對中秋節的詩意讚美。

七言絕句是中國古典詩歌中一種非常優美的形式，被廣泛使用並受到人們的喜愛。

上述除了列舉一首詩杜甫的七言絕句「秋夕」，也敘述了意境。

4-2-2　ChatGPT 做一首七言絕句

下列是筆者要求 ChatGPT 做一首七言絕句。

您
請隨意編一首七言絕句

ChatGPT
在寒夜風吹月影明，
窗前燭光影成影。
梧桐葉落聲漸靜，
思念遙遠夢中情。

從上述可以看到 ChatGPT 會犯錯誤，第 1 句有 8 個字，下列是要求重新創作。

> **您**
> 你所編的七言絕句, 第一句錯誤, 有8個字, 七言絕句是7個字
>
> **ChatGPT**
> 抱歉犯了個錯誤，感謝指正。請允許我重新編一首：
>
> 夜深風起滿天星，
> 窗外寂靜夢已成。
> 明月高懸掛玉宇，
> 思君心隨遠飄雲。

4-2-3　請 ChatGPT 依據情境做一首七言絕句

下列是筆者情境描述，與 ChatGPT 的回答。

> **您**
> 我40餘年前畢業於明志工專，近期要回母校演講，心情有一點緊張，請用這個心境創作一首七言絕句。
>
> **ChatGPT**
> 四十年前別明志，今日重回憶如詩。
> 心頭緊張舊校舍，演講臺上情意迷。

4-3　五言絕句

4-3-1　了解 ChatGPT 對五言絕句的知識

詢問 ChatGPT 是否知道五言絕句。

> **您**
> 你認識五言絕句嗎
>
> **ChatGPT**
> 是的，我瞭解五言絕句。五言絕句是古典詩歌的一種形式，主要是指每句詩有五個字，是古典詩歌中非常常見的一種體裁。這種詩的形式簡潔，押韻和律韻要求相對較嚴格。
>
> 基本上，一首五言絕句由四句組成，每句五個字，總共20個字。這種形式在中國古代詩歌中十分流行，尤其在唐詩時期達到了高峰。
>
> 以下是一首著名的五言絕句範例，出自唐代詩人王之渙的《登鸛雀樓》：

```
Copy code

白日依山盡，黃河入海流。
欲窮千里目，更上一層樓。
```

> 這首詩以極簡的語言描繪了大自然的壯麗景象，以及人類對於探索和挑戰的不懈追求。
>
> 五言絕句的形式被廣泛運用，詩人們在這種形式中表達了豐富的情感、對生活的感悟以及對自然景色的賞析。

筆者繼續問，是否知道王維的五言絕句「鹿柴」的內容。

> **您**
> 你知道王維的鹿柴
>
> **ChatGPT**
> 是的，王維（701年-761年）是唐代著名的文學家、畫家和詩人之一，被譽為"詩仙"。他的詩歌以清新淡雅、意境高遠而著稱。其中，他的代表作之一就是《鹿柴》。
>
> 《鹿柴》是一首五言絕句，描繪了一個山間的寧靜場景，寓意深遠。以下是詩的原文：

```
Copy code

空山不見人，但聞人語響。
返景入深林，復照青苔上。
```

> 這首詩以簡潔的語言表現出山靜而人退的景象，透過寥廓的山川和深邃的林木，呈現出一片寧靜、幽遠的意境。詩中的"空山"、"深林"和"青苔"等形象，使人感受到自然的恬靜和宇宙的宏大，展現了王維詩歌中常見的超然意境。

4-3-2　ChatGPT 做一首五言絕句

> **您**
> 請隨意創作一首五言絕句

> **ChatGPT**
> 白雲悠悠掠天際，山水交融映遠情。
> 心隨曲水行遠去，夢隨明月夜漫清。

　　上述結果發現，ChatGPT 是生成七言絕句，筆者指出錯誤，結果仍是錯誤，應該是這個部分尚未訓練完善。

> **您**
> 上述是七言絕句，不是五言絕句

> **ChatGPT**
> 抱歉犯了錯，請允許我重新編寫一首五言絕句：
>
> 夕陽西下影山川，橋上孤雁隨雲群。
> 江水流長情意深，歲月靜好夢依存。

4-4　現代詩

4-4-1　隨意生成的現代詩

> **您**
> 請隨意生成一首現代詩

> **ChatGPT**
> 城市霓虹夜未央，高樓鋼骨刺向天。
> 行人匆匆追逐夢，微風輕舞細雨邊。
>
> 資訊湧流電子海，虛擬現實夢中遊。
> 手機屏幕閃爍光，網絡迷宮夢裡留。
>
> 心靈漂泊尋歸處，夜色彩霞醉遙山。
> 城市脈動響遠方，現代詩歌唱心間。

下列是請求描述上述現代詩的意境。

> JI　您
> 請解釋上述意境
>
> ⬡　ChatGPT
> 這首現代詩試圖描繪城市夜晚的景象和現代生活的一些特徵。以下是一個簡要的解釋：
>
> 1. **城市霓虹夜未央**：描繪城市夜晚的繁忙和燦爛，霓虹燈在夜空中閃爍，城市的生活永不停歇。
> 2. **高樓鋼骨刺向天**：形容城市高樓大廈如鋼鐵巨獸般聳立，向著天際線挺立。
> 3. **行人匆匆追逐夢**：表現現代人生活節奏快速，大家都在追逐各自的夢想。
> 4. **微風輕舞細雨邊**：描述夜晚微風吹拂，細雨飄灑的寧靜場景。
> 5. **資訊湧流電子海**：形容信息在城市中湧動，彷彿是一個數字的海洋，隨處可見電子設備和資訊流動。
> 6. **虛擬現實夢中遊**：引入虛擬現實的概念，人們彷彿在夢中遊走，與現實世界交織。
> 7. **手機屏幕閃爍光**：描繪現代人緊密與手機相連，手機屏幕閃爍的光芒。
> 8. **網絡迷宮夢裡留**：將互聯網比喻為一個迷宮，人們在這個迷宮中追尋夢想和目標。

> 9. **心靈漂泊尋歸處**：表達現代人在城市中，內心可能感到迷茫和尋找歸屬的情感。
> 10. **夜色彩霞醉遠山**：形容夜色的美麗，宛如彩霞瀰漫，使人沉醉於遙遠的山川景致。
> 11. **城市脈動響遠方**：描繪城市的生命脈動，城市的活力遠遠傳遞到遠方。
> 12. **現代詩歌唱心間**：強調這首詩是一首現代詩，旨在表達當代人的心情和生活狀態。

4-4-2　現代詩創作

下列是描述心境，讓 ChatGPT 創作一首現代詩。

> **您**
> 我的學生時代是在明志工專度過，這是一所半工半讀的學校，學校畢業40年了，我懷念當時的同學，請做一首現代詩形容我現在的心境

> **ChatGPT**
> 四十年歲月悠，明志青春懷。
> 半工半讀日，同窗夢未夢。
>
> 書山憶往歲，工水情猶在。
> 校園風景異，心中情不改。
>
> 同窗匆匆散，友誼猶未涼。
> 懷念學生日，情牽舊校巷。
>
> 青春歲月過，深情藏心間。
> 明志真摯語，不渝懷舊願。

4-5　求助 ChatGPT 寫一首詩給想追求的女性

> **您**
> 我認識一位女孩，想展現才華寫一首七言絕句給她，你可以協助嗎

> **ChatGPT**
> 當然可以，我很樂意協助你。請告訴我有關這位女孩的一些特點或你想要在詩中表達的感情，這樣我可以更好地創作一首七言絕句。

ChatGPT 要求筆者寫詩的主題，筆者的回應如下：

> **您**
> 月光皎潔明亮，映射在湖上

> **ChatGPT**
> 湖面月光悠悠明，微波蕩漾夢幻情。
> 靜倚湖畔思浩渺，星夜閃燦心光生。

> **您**
> 請解釋此詩的意境
>
> **ChatGPT**
> 這首詩詠嘆著湖畔的美景，以月光為主題。以下是一個可能的解釋：
>
> 1. **湖面月光悠悠明**：描述湖泊上的月光明亮而悠長，這種寧靜的場景往往使人感到平靜和宁靜。
> 2. **微波蕩漾夢幻情**：提及湖面微風輕輕吹拂，形成微波，這種景象賦予湖泊一種夢幻的感覺，同時也暗示著詩人內心的某種情感。
> 3. **靜倚湖畔思浩渺**：詩人靜靜地倚在湖畔，凝視著湖面，思考著浩渺的宇宙和人生。
> 4. **星夜閃爍心光生**：表達在這寧靜的湖畔夜晚，星空閃耀，同時也暗示詩人內心的光芒因著這片美景而生。
>
> 總的來說，這首詩以湖光月色為背景，透過詩人的感受和想象，表達了內心深處對於宇宙、自然之美以及心靈寧靜的追求。　↓

4-6 小說撰寫

詢問 ChatGPT 是否會寫小說。

> **您**
> 你會不會寫小說
>
> **ChatGPT**
> 是的，我可以生成敘事性的文字，包括小說。如果你有特定的主題、情節或角色設定，請告訴我，我可以協助你生成一個小說片段或故事情節。

4-6-1　外太空旅行的冒險故事

> **您**
> 請用500個字描述外太空旅行的冒險故事

ChatGPT

在未來的某一天，人類科技的進步使得外太空旅行成為現實。一個由探險家、科學家和工程師組成的團隊決定踏上一場前所未有的外太空冒險。

他們的目的地是遠離地球的一個神秘星系，據說那裡有一個潛在的新生命星球。他們的太空船，命名為「星際探索者號」，裝備先進的引擎和生態支持系統，為這場宇宙之旅做好了充分的準備。

起飛當天，地球上無數人仰望著他們的發射火箭，眼神中充滿了對未知的好奇與期待。星際探索者號穿越地球的大氣層，進入太空，團隊成員看著地球漸行漸遠，內心充滿了難以形容的激動。

在航程中，他們經歷了各種挑戰。太空 ↓ 微小隕石帶來了危險，太陽風暴時常讓他們的通訊中斷，但這個團隊憑藉著堅持和靈活應對的精神，克服了一切困難。

隨著距離目的地的接近，他們發現了一個神秘的星球，表面上充滿了色彩斑斕的植物和奇特的地形。他們著陸在這片未知的土地上，展開了對這個新世界的探索。

在星球上，他們驚奇地發現了生命的痕跡，與地球上的生態大相徑庭。這裡的生物形態各異，有著特殊的能力和行為。科學家迫不及待地展開研究，希望能夠理解這個星球的奧秘。

然而，在他們的探險中，一場不可預測的風暴襲來，使得他們的太空船受損，無法及時返回地球。團隊面臨著新的挑戰，必須找到解決問題的方法，同時保護這個新發現的星球的生態平衡。

在共同努力下，他們成功修復了太空船，但同時也意識到外太空冒險不僅僅是科學的探索，更是人類勇氣、智慧和團結的象徵。最終，星際探索者號成功返回地球，將這場外太空冒險的故事帶回人類的歷史長河。

坦白說寫得真好，整個過程有科技、也有冒險。

4-6-2　白雪公主與七矮人的故事

以下是 ChatGPT 用 500 個字描述白雪公主與七矮人的故事。

> **您**
> 請用500個字創作白雪公主與七矮人的故事

> **ChatGPT**
> 很久很久以前，有一個王國裡有一位美麗的王后，她夢想擁有一個美麗的女兒。有一天，她的夢想成真，一個可愛的女孩出生了，她的皮膚白皙如雪，眼睛明亮似星辰，她被取名為白雪公主。
>
> 然而，王后不幸早逝，國王再娶了一位自私而邪惡的女人。這位王后是一位邪惡的女巫，她嫉妒白雪公主的美麗，因此對她心生嫌隙。她魔法般的力量讓她的心變得冷酷，她便決定擺脫這個她認為是競爭者的小公主。
>
> 一天，王后利用黑魔法毒害了白雪公主。幸運的是，國王的僕人將她救起，將她送到遠離王國的一個小屋，避開了邪惡王后的陰謀。
>
> 白雪公主在森林中的小屋中遇到了七個善良的矮人，他們分別叫快樂、傻子、害羞、憤怒、貪睡、討厭和好奇。矮人們歡迎她的到來，決定讓她在小屋中居住，並與她分享他們

> 的愉快生活。
>
> 日復一日，白雪公主和矮人們度過了幸福的時光。矮人們喜歡她的善良和純真，而她也學會了珍惜友誼和愛。然而，邪惡的王后並未放棄她的計劃，她利用魔鏡發現了白雪公主仍然活著。
>
> 王后偽裝成一位老婦，前來拜訪小屋。她試圖以各種手段將白雪公主毒死，但每一次都被善良的矮人們挽救。最終，王后用一顆紅蘋果下毒，讓白雪公主昏迷不醒。
>
> 矮人們極度傷心，將白雪公主放在一個水晶棺中，每天都前來瞻仰。幸運的是，一位英俊的王子經過此地，被她的美麗深深吸引。他吻了她一下，白雪公主奇蹟般地甦醒了。
>
> 白雪公主和王子的愛情破解了邪惡的王后的魔咒。他們舉行了盛大的婚禮，七矮人和整個王國都參加了，每個人都幸福地生活在一起，過著快樂的日子。那個曾經充滿陰謀和危險的王國，因愛和友誼而綻放光彩。

4-7 規劃與創作一部小說

人類在規劃一部著作時，可能會先有故事標題、大綱，才有故事，我們也可以依此步驟讓 ChatGPT 協助完成。

4-7-1 規劃故事名稱

> **您**
> 我想寫一本書，內容是到北斗七星旅遊的故事，請協助我想8個書籍名稱
>
> **ChatGPT**
> 當然可以！以下是八個可能適合描述到北斗七星旅遊故事的書籍名稱：
>
> 1. 《星光歷險：北斗七星之旅》
> 2. 《星夢之旅：追尋北斗的光輝》
> 3. 《星空奇遇：穿越北斗的神秘之旅》
> 4. 《星辰漫遊：在北斗座中尋找奇蹟》
> 5. 《璀璨星空：北斗旅程的點點星光》
> 6. 《星座之旅：北斗七星的秘境探險》
> 7. 《夜空之旅：在北斗的引導下啟程》
> 8. 《星際漫步：探索北斗七星的未知世界》
>
> 希望這些建議能夠啟發您的創意，祝您 ↓ 順利！

從上述我們獲得了 ChatGPT 規劃的故事名稱。

4-7-2　規劃章節大綱

有了故事名稱，我們可以讓 ChatGPT 規劃故事的章節大綱。

您

感謝給我書籍名稱的靈感，我決定使用「星際漫步：探索北斗七星的未知世界」當作書籍名稱，請為這個故事規劃8個章節標題。

ChatGPT

很高興你喜歡那個書籍名稱！以下是「星際漫步：探索北斗七星的未知世界」的八個可能的章節標題：

1. **星空啟程：夜幕降臨的初夜**
   - 介紹主角啟程前往北斗七星，夜空初現星光的情景，以及旅程的開端。
2. **星座之門：穿越星際的神秘通道**
   - 主角進入北斗七星的星座領域，描述那神秘通道背後的奧秘。
3. **星塵之夢：在星空中追逐的奇幻幻景**
   - 敘述主角在旅途中所見到的美麗景象，包括星塵、流星雨等奇幻景觀。

---

4. **星光交融：與北斗七星的對話**
   - 主角與北斗七星之間的交流、感悟，以及星光中的對話與啟示。
5. **星雲之谷：探索北斗的隱藏奧秘**
   - 描述主角進入北斗七星的深處，發現那裡隱藏的神秘星雲與谷地。
6. **星宿宴會：與星座居民的相遇**
   - 敘述主角與北斗七星中其他星座的相遇，以及彼此分享的經驗與智慧。
7. **星空之心：在北斗尋找生命的真諦**
   - 主角在北斗的旅程中，探尋生命的真諦，尋找星空之心的奇幻體驗。
8. **星際歸途：踏上回家之路**
   - 敘述主角完成北斗之旅後，踏上回家之路，對這趟星際漫步留下深刻回憶。

希望這些章節標題能夠為你的故事提供一些啟發！祝你寫作順利，帶領讀者一同探索未知的星際世界。

4-7-3　規劃章節內容

前一小節已經有 8 個章節了，接下來我們可以依據整本故事內容多寡，規劃每個章節的內容。例如：假設要規劃 12000 個字的小說，這時可以規劃每個章節有 1500 個字，可以參考下列實例。

您

請用1500個字規劃「1. 星空啟程：夜幕降臨的初夜
介紹主角啟程前往北斗七星，夜空初現星光的情景，以及旅程的開端。」的內容

ChatGPT

深邃的夜空佈滿了星星，彷彿是千萬年的歲月凝固在那一刻。主角，一位心靈渴望冒險的夢遊者，站在那片黑幕下，注視著星際的奧秘。這是他路上北斗七星之旅的初夜，星空綻放著迷人的光輝，猶如閃爍的鑽石點綴著深邃的宇宙。

在這神秘的夜晚，主角在一片靜謐中感受到了啟程的呼喚。他的旅途並非為了尋找某個特定的目的地，而是為了追尋心靈深處的星星之聲。當他踏上這片漫長的星際征程時，夜空也似乎為他敞開了神秘的星座之門。

夜色漸漸降臨，星星一顆一顆地點亮，彷彿在為主角點亮前行的路。這是一個星空啟程的夜晚，帶著蛻變的勇氣，主角開始了他的旅程。在他身旁，微風輕拂，星光在夜幕中閃爍，宛如一位神秘的引路者。

↓

主角的心情交織著興奮和期待，他深深吸一口氣，彷彿吸進了整片星空的能量。他與星星之間建立起一種無聲的對話，彼此間透露出一種奇妙的連結。這不僅僅是一場旅程，更是一場心靈尋找的冒險，星空成為他的啟程之地。

星座的輪廓在夜空中顯現，北斗七星璀璨地閃耀，如同一群守護者注視著這片宇宙的遊子。主角的視線牢牢地鎖定在北斗，彷彿那是他心中渴望到達的目的地。北斗成為他這趟星際漫步的引導之星，輝映著夜空的每一個角落。

當主角起步時，星光投下淡淡的光影，宛如銀河之路引領著他前行。這是一個開端，是冒險的第一步，也是探索未知的契機。夜風輕輕吹過，星光搭配著微風的吟唱，讓整個夜晚彷彿沉浸在一場神秘的音樂會中。

在星空的引導下，主角的心靈逐漸舒展開來，如同星座之間的聯繫。這趟星際旅程並非只是一場普通的旅遊，而是一場靈魂的冒險，讓主角深刻感受到自己與宇宙間微妙的關聯。他的腳步漸漸穩定，心靈也在星空中找到了共振的頻率。

隨著主角的旅行深入，星空也在不斷地變幻，呈現出千變萬化的美麗畫卷。夜晚的星空彷彿是一本無字的書，而主角正是在這書中尋找著自己的故事。每一顆星星都是一頁頁的故事，而北斗七星則是這場星際冒險的主線。

在這片寧靜的夜空下，主角的心靈得以沉澱，思緒變得清晰。星空中的每一個光點，似乎都是一種智慧的載體，向主角傳遞著宇宙的奧秘。他開始理解，這趟旅程不僅僅是物理上的移動，更是心靈深處的一場啟蒙之旅。

在夜色深沉的初夜中，主角與星空建立了一種奇妙的連結，彷彿成為了宇宙中一部分。這是一場星空啟程的夜晚，星星們似乎也為這位夢遊者的冒險點燃了一片光明，讓他在星際的漫步中找到了屬於自己的未知世界。

上述完成了第一章的內容，讀者可以依據此觀念一步一步完成整個故事編製。

4-7-4　為故事寫序

您
請為上述故事「星際漫步：探索北斗七星的未知世界」寫一個300個字的序

ChatGPT
在星際的深邃夜空中，每一顆星星都是一個故事的開端，而《星際漫步：探索北斗七星的未知世界》正是一場心靈的冒險。故事始於一位夢遊者，一位尋找心靈寄託的旅者，他在星光的呼喚下，踏上了一趟超越地理的旅程。

序幕拉開時，夜幕籠罩大地，星星如璀璨的明珠點綴著黑色的帷幕。主角，身處於這片星光的浩瀚之中，感受到星座之門敞開的神秘感。他的旅途並非為了征服山川大地，而是為了尋找那片星空深處，探索未知的心靈世界。

隨著主角的腳步，星光引領著他進入北斗七星的領域，每一步都是對未知的追尋。這是一場星光之旅，一場與宇宙對話的奇蹟。主角與星座之間建立起一種特殊的聯繫，彷彿他是星星的知音，而星星是他靈魂的引路人 ↓

在星空之下，他見證了星雲之谷的神秘景象，與星座居民進行了心靈的交流。這並非一場單純的旅程，而是一場心靈的啟航，穿越星際的未知世界。每一章節都是心靈的沉澱，是對宇宙奧秘的深刻體悟。

《星際漫步》將帶領讀者穿梭在星星之間，感受星座的韻律，探索北斗的神秘之旅。故事中的每一個章節都是一次心靈的冒險，每一個夜晚都是一場星際漫步，引領我們進入一個屬於星星與靈魂的奇幻境地。

4-8 約會信件撰寫

4-8-1 一般約會的信

這是邀請看 Mission Impossible 電影的邀約信。

> **您**
> 請寫一封300個字邀約漂亮女孩看Mission Impossible電影的信件

> **ChatGPT**
> 親愛的 [女孩的名字],
>
> 希望你一切都好！最近我發現了一個即將上映的電影，Mission Impossible，聽說是一部動作滿點、驚險刺激的影片。我一直以為這類型的電影最適合和朋友一起觀賞，但突然間我想到了你。我想，如果有你陪伴，這將會是一個更加特別和有趣的電影之夜。
>
> Mission Impossible不僅擁有精彩的動作場面，還有扣人心弦的情節和驚險刺激的氛圍。我相信這部電影絕對能夠帶給我們一場難忘的視覺饗宴。而且，我想這也是一個絕佳的機會，讓我們共度一個歡笑與驚奇充滿的夜晚。
>
> 如果你有時間和興趣，我真的很期待能夠和你一起去看這部電影。我相信這會是一個有趣的經歷，我也想聽聽你對這樣的電影有什麼看法。我們可以先吃一頓晚餐，然後前往電影院，共度一個輕鬆又愉快的夜晚。

如果你同意的話，請讓我知道你的時間是否方便。我真的期待和你一起分享這次電影之旅，希望能夠和你一同感受Mission Impossible的精彩魅力。

期待著你的回覆！

誠摯的 [你的名字]

4-8-2　增加詩句和莎士比亞的句子

> **您**
> 請為上述的約會信件增加莎士比亞的詩句

> **ChatGPT**
> 親愛的 [女孩的名字],
>
> 希望你一切都好！我希望這封信能夠在你讀到的時候，帶給你一絲愉悅，就像莎士比亞筆下的詩篇一樣。
>
> "世界上最美的星光，不是那閃耀在夜空的星辰，而是在你眼中閃現的那抹光芒。" 莎士比亞的這句詩突然間在我心中浮現，仿佛是在形容你的美麗。想像著，在電影院的昏暗中，我們將一同注視著大銀幕上的故事，就像我們注視著彼此的眼眸一樣。
>
> 而正如莎士比亞所言，"時間是愛情的詩篇，每一刻都是一行深沉的文字。" 我認為，這次約會將會是我們共同書寫的美好瞬間。**Mission Impossible** 可能是動作場面的盛宴，但我期待的是，在這場電影之夜，我們也能夠 ↓ 屬於我們自己的詩篇。

> 如果你願意，讓我們共同踏上這場冒險。"愛情如星辰，總在最黑的夜晚閃耀。" 這是莎士比亞的又一句名言，我想，這也能夠形容我對這次約會的期待。讓我們一同走向星光閃耀的夜晚，感受莎士比亞筆下的浪漫詩情。
>
> 如果你有時間和興趣，我真的很期待和你一起去看這部電影。讓我們一同描繪屬於我們的星光之夜，彼此分享愉快的時光。
>
> 期待著你的回覆！
>
> 誠摯的 [你的名字]

4-8-3　擴充約會看電影信增加一首詩

> **您**
> 請依上述信件的情境，增加一首七言絕句

> **ChatGPT**
> 親愛的 [女孩的名字]，
>
> 希望你一切都好！最近想到一個絕佳的計畫，我相信你會喜歡。我們已經有一陣子沒有共度時光了，所以我想邀請你一起觀賞《Mission Impossible》電影，這部影片絕對是一場刺激又驚險的冒險！
>
> 正如莎士比亞所言："一個人的一生，只有一次像這樣的冒險機會。"這部電影不僅有湯姆·克魯斯的出色表現，還有驚人的特技和扣人心弦的劇情。我深信你會愛上這個動作滿點的故事，而我們一起分享的時光將會成為美好的回憶。
>
> 吾欲邀汝觀冒險，共鑒克魯斯神妙。夜色下影院會所，此情何限共諧心。影前共賞彼此笑，於莎劇中創饗宴。

我們可以在影片前先找個地方吃飯，聊聊近況，然後一同進入電影院享受一個令人興奮的夜晚。就像莎士比亞所形容的，這將是一場冒險，充滿著戲劇性的轉折和不可思議的經歷。我已經查了附近的影院和餐廳，確保能夠為這個計畫提供最完美的場所。

如果你有其他更棒的提議或是想法，我也非常樂意聽取。讓我們共同創造一個有如莎士比亞戲劇的夜晚，充滿歡笑和刺激，成為我們彼此珍藏的回憶。

期待著很快能夠收到你的回覆，一同迎接這場《Mission Impossible》的冒險！

誠摯的問候，
[你的名字]

4-8-4　用一首詩取代一封信

> **您**
> 請寫一首新詩，此新詩的意境是邀約漂亮女孩看Mission Impossible

> **ChatGPT**
> 在暮色迷人的夜幕籠罩，
> 星光閃爍，月光如繁華的花朵。
> 那漂亮的你，如夜空中的繁星，
> 蒼穹下，我心向往，邀你共賞。
>
> 《Mission Impossible》展開冒險的幕，
> 克魯斯英勇，劇情峰迴路轉無窮。
> 彷彿我們的生活，充滿未知與期待，
> 邀你一同，踏上這場奇妙的冒險之旅。
>
> 飄逸的風，輕撫著樹梢的心弦，
> 我們一同步入電影院，如夢似幻。
> 坐在暗夜中，當劇情激烈震撼，　　↓

> 你的笑容，是我心靈的最美旋律。
>
> 影片間，彼此的眼神交錯，
> 宛如寫意的詩句，如詩如畫。
> 身臨其境，我們成為畫中人，
> 分享心跳，這冒險的時光永生。
>
> 電影結束，未知的明天降臨，
> 像未完成的詩篇，等待著編織。
> 讓我們繼續這段不可思議的旅程，
> 在明亮的未來，我們的故事將繼續。
>
> 邀你一同，探索未知的奇蹟，
> 在《Mission Impossible》的影幕前，
> 你與我，如同夜空的繁星閃爍，
> 共譜一曲屬於我們的冒險詩歌。

4-8-5　用一首七言絕句取代一封信

> **您**
> 請寫一首七言絕句，此詩的意境是邀約漂亮女孩看電影

> **ChatGPT**
> 星光閃耀夜幕垂，
> 邀約佳人共賞情。
> 影院微光織夢幻，
> 共創片中浪漫情。

4-9　交友顧問

4-9-1　交友顧問

> **您**
> 你可以做我的交友顧問嗎

> **ChatGPT**
> 當然可以！我可以提供一些交友建議和支持。首先，請告訴我一些有關你自己的資訊，例如你的興趣、價值觀、喜好，以及你希望在一個朋友中找到的特質。這樣我就可以更好地了解你，並給予相應的建議。

4-9-2　吸引漂亮同學注意

您
我班上有一個漂亮女孩，應該如何吸引她的注意

ChatGPT
吸引一個人的注意是一門藝術，但也要確保行為尊重且不侵犯對方的空間。以下是一些建議，但記住，每個人都是獨特的，這些只是一些建議，並不保證成功。

1. **自信而友善**：展現自信，保持良好的姿態，微笑並表現出友善的態度。這樣可以讓你顯得更有吸引力。
2. **找機會交談**：在課堂或其他場合找到合適的機會和她交談。你可以詢問有關課程、共同興趣或其他輕鬆的話題。
3. **共同興趣**：如果你知道她有一些特定的興趣，試著了解更多，這樣你就可以在交談中提到這些話題，增加共鳴。
4. **顯示真實的自己**：不要假裝成你不是的樣子。真實的表現能夠吸引更有共鳴的關係。
5. **小心使用幽默**：幽默是一種良好的社交技巧，但請確保你的笑話不會得罪她，同時避免冒犯性的言論。　↓

6. **注意細節**：在交談中注意她的話，回應她的觀點，顯示你是一個細心的人。
7. **邀請參與活動**：如果有一些學校或課外的活動，邀請她一同參與。這樣可以提供更多自然的相處機會。
8. **尊重她的空間**：如果她並不願意交談或表現出不感興趣的態度，請尊重她的選擇，不要強迫。

最重要的是，尊重她的感受和意願，建立一種自然而輕鬆的氛圍。如果她對你有好感，她可能會更願意和你建立更深層次的關係。

4-9-3　獲得別人的好感

您
如何知道她對我有好感

ChatGPT
識別一個人是否對你有好感可以是一個挑戰，因為每個人的表達方式都不同。然而，有一些常見的跡象可能表明她對你感興趣。這些跡象包括：

1. **眼神接觸**：如果她經常和你進行眼神接觸，這可能是一個積極的信號。持續的眼神接觸通常表明興趣和好感。
2. **微笑**：常常微笑是一種友好和積極的表現。如果她對你微笑，這可能表示她感到開心或對你感興趣。
3. **主動接觸**：這可能包括輕拍、碰觸你的手臂或其他類似的動作。主動的身體接觸通常表明一種親近感。
4. **主動開始對話**：如果她主動開始與你交談，詢問你的事情或分享她的感受，這可能表明她對建立更深層次的連結感興趣。

5. **頻繁在你周圍**：如果她經常出現在你身邊，可能不是巧合。這可能是她想要更多的注意或與你在一起的機會。
6. **對你的關心**：如果她對你的生活、興趣或感受表現出激動或關心，這可能表示她對你有好感。
7. **語言的變化**：注意她與你交談時語言的變化。如果她在與你交談時變得更加溫柔或愉快，這可能是一個好的跡象。
8. **朋友的反饋**：有時候，朋友可能會注意到她對你的態度並給予一些提示。他們可能察覺到一些你自己沒有注意到的信號。

請注意，這些跡象可能不是絕對的，每個人都有不同的表達方式。最好的方法是保持開放和誠實的交流，直接問她是否對你有興趣可能是最直接的方式。

4-9-4　如何邀請第一次約會

> **您**
> 如何邀請她第一次約會

> **ChatGPT**
> 邀請某人進行第一次約會時，最重要的是表現出誠懇和真誠。以下是一些建議，讓你能夠成功地邀請她進行第一次約會：
>
> 1. **選擇合適的時機：** 當你們彼此有足夠的時間和輕鬆的氛圍時，提出約會的邀請會更加自然。避免在她感到壓力或匆忙的情況下提出邀請。
> 2. **表現自信：** 表現自信和鎮定，即使你可能感到有些緊張。這會讓她感受到你的積極態度。
> 3. **明確表達：** 不要含糊其辭，直截了當地表達你的邀請。例如，你可以說："我很喜歡和你在一起，我想知道你是否有興趣和我一起去（提出活動）。"
> 4. **選擇合適的活動：** 考慮她的興趣和喜好，選擇一個適合的活動。這樣可以確保你們兩人都能在約會中感到舒適和愉快。
> 5. **有計劃：** 事先有一些計劃，這樣你就可以提出一個具體的建議，而不只是模糊地說："我們可以一起做什麼。"請提出一個確定，↓ 議，這樣會讓她更容易接受。

6. **展現關心：** 讓她知道你真的關心她的感受和意願。你可以說："如果你有其他計劃或不感興趣，我完全理解。我只是想和你一起度過一個愉快的時光。"
7. **不要過於直接或壓迫：** 確保你的邀請是開放的，她感到可以自由地接受或拒絕而不感到壓迫。
8. **留有餘地：** 如果她當下無法接受你的邀請，不要感到氣餒。留有餘地，告訴她她隨時都可以告訴你她的方便時間。

與此同時，要確保你的語氣友好和輕鬆，讓她感受到你是真心希望和她共度愉快時光的。

4-9-5　撰寫第一次約會的七言絕句

您
請協助撰寫七言絕句，當作邀請約會的開場白

ChatGPT
當然，七言絕句是中國古典詩的一種形式，用來表達情感或描述景物。以下是一個可能適合當作邀請約會開場白的七言絕句：

彩雲飛舞逐風遊，
邀君共賞夜色秀。
星光璀璨添醉意，
相伴清風語笑柔。

這段詩意味著想邀請她共賞夜色，一起欣賞星光璀璨，享受清風拂面的美好時光。你可以在邀請中配上這段詩，表達出你想要和她一起共度美好時光的誠摯心意。

4-9-6　第一次約會應注意事項

您
第一次約會應該注意事項

ChatGPT
第一次約會是建立初步印象的重要時刻，以下是一些應該注意的事項：

1. **選擇合適的地點**：選擇一個能夠提供輕鬆愉快氛圍的地點，最好是彼此都感興趣的地方。這樣可以幫助你們更輕鬆地交流。
2. **提前計劃**：事先考慮好約會的活動和地點，這樣可以避免尷尬的沉默和不確定性。但也要給彼此一些靈活性，以應對可能的變化。
3. **穿著得體**：根據約會地點和活動的性質，選擇合適的穿著。穿著整潔得體可以給對方留下好的印象。
4. **溝通開放**：約會時要保持開放的溝通，分享一些有趣的事情，但同時也要聆聽對方。別忘了問一些開放性的問題，這樣可以促進更深層次的交流。
5. **保持輕鬆愉快的氛圍**：不要讓對話變得沉悶或太嚴肅。保持輕鬆的氛圍，笑聲和幽默可以幫助減緩緊張感。

↓

6. **尊重對方的空間**：注意對方的身體語言和反應，如果對方不願意談論某個話題，請尊重她的選擇。

7. **避免談論敏感話題**：避免在第一次約會時談論太過敏感的話題，例如政治、宗教或過去的感情經歷。

8. **留意禮貌**：注意禮貌，包括謝謝、請求、道歉等。這樣可以表現出你的尊重和關心。

9. **結束時表達感謝**：約會結束時，表達對她的感謝，並表達對這段時間的愉快。這可以為未來的交往留下一個良好的開始。

總的來說，保持輕鬆、真誠和尊重是建立成功初次約會的關鍵。

4-9-7　第一次約會的行程規劃

您
可否協助安排台北市從下午到晚上的第一次約會行程

ChatGPT
當然，我可以為你提供一個從下午到晚上的第一次約會行程。這個行程將包括一些有趣的活動和美食，希望能夠為你和對方創造一個輕鬆愉快的氛圍。

下午活動：

1. **下午3點：探訪文創區**
選擇台北市的文創區域，例如松山文創區或華山文創園區。這裡有許多藝術展覽、小店和咖啡廳，提供了一個愜意的環境，適合漫遊和輕鬆聊天。

2. **下午5點：咖啡時間**
在文創區的一家特色咖啡廳裡，點杯咖啡或茶，坐下來放鬆一下。這是一個繼續深入了解對方興趣和想法的好機會。

晚上活動：

1. **傍晚6點30分：晚餐**

   移動到台北市的美食區域，例如信義區或中正區，選擇一家特色餐廳享受晚餐。預先確保你們對於食物的口味有共識。

2. **晚上8點：夜市漫遊**

   前往附近的夜市，例如饒河街觀光夜市或通化夜市。這裡有許多小吃、遊戲和有趣的攤位，可以一邊品嚐台灣美食一邊散步。

3. **晚上9點30分：觀光台北101**

   走到台北101附近，欣賞夜間的台北市景色。你們可以在附近的公園或觀景台停留一下，共同欣賞這座城市的美麗夜景。

4. **晚上10點30分：結束約會**

   結束這次美好的第一次約會，你可以詢問對方是否需要協助安排交通或其他事宜。如果彼此感到舒適，可以表達對這次約會的喜悅，並表達對未來的期望。

   這只是一個參考行程，請根據你和對方的實際情況和喜好進行調整。最重要的是確保約會的氛圍輕鬆、有趣，讓雙方都能夠享受這段特別的時光。

4-9-8　約會結束的七言絕句

您
可否協助第一次約會結束後做一首七言絕句送給她

ChatGPT
當然可以，這是一首七言絕句：

夜深風輕月影明，共度時光心漸靠。
笑語間間如春水，初次相遇意已訴。

這首詩詞表達了與她共度美好夜晚的心情，以及在笑語中漸漸拉近心靈的距離。希望這能夠為你的第一次約會留下一些美好的回憶。

第 5 章
ChatGPT 在教育上的應用

　　ChatGPT 的興起，也帶給全球教育界的正反論述，這一章重點是應該如何用此工具，讓老師獲得更好的教學成效，學生可以有效率的愛上學習。

5-1　讓 ChatGPT 告訴我們 ChatGPT 在教育單位的應用

> **您**
> 請敘述ChatGPT在教育上的應用
>
> **ChatGPT**
> ChatGPT在教育上有多種應用，以下是其中一些主要的應用場景：
>
> 1. **教學輔助**：ChatGPT可以作為一個教學輔助工具，幫助學生理解和澄清概念。學生可以向ChatGPT提問問題，獲取即時解答，這有助於他們在學習過程中更好地理解知識。
> 2. **作業輔助**：學生可以使用ChatGPT來獲得對作業的建議和指導。ChatGPT可以提供關於特定主題的背景信息、解釋概念的方式，以及解決問題的方法。這有助於學生獲得更深入的理解，提高他們的學業成績。
> 3. **語言學習**：ChatGPT可以用於語言學習應用，提供語法、詞彙和句法方面的解釋，並通過對話提供實踐機會。學生可以透過與ChatGPT對話，提升他們的語言技能，改進發音和語法。
> 4. **個性化學習體驗**：ChatGPT可以根據每個學生的需求和進度，提供個性化的學習建議。這樣的定制化可以更好地滿足不同學生的學習風格和需求，提高學習的效果。

> 5. **虛擬導師**：在線學習平台可以使用ChatGPT作為虛擬導師，回答學生的問題，提供指導，並跟蹤他們的學習進度。這有助於提供更好的支持，特別是在大規模在線課程中。
> 6. **自助學習工具**：學生可以使用ChatGPT作為自助學習工具，隨時隨地獲取信息。這樣的工具可以促進主動學習，讓學生在需要時迅速找到答案，提高學習效率。
>
> 需要注意的是，雖然ChatGPT在教育中有許多應用的潛力，但仍然需要謹慎使用，特別是在需要高度專業知識和深度理解的領域。此外，保障學生的隱私和安全也是使用這些技術時需要考慮的重要問題。

5-2　學生應用 ChatGPT

　　學生應用 ChatGPT，最大的特色是可以獲得即時的答案。不過筆者測試，如果碰上複雜的問題，還是需要檢查，因為 ChatGPT 仍會出錯。下列是學生可以應用的領域：

● 當作百科全書：我們可以隨時請教 ChatGPT 獲得知識。

● 作文大綱：一篇作文題目，可以讓 ChatGPT 告知重點。

● 更改文章內容：我們也可以將所寫的文章讓 ChatGPT 批閱與修改。

● 撰寫報告：直接告知主題，讓 ChatGPT 代勞撰寫。

● 摘要文件：給予大量資料，讓 ChatGPT 撰寫摘要。

● 撰寫讀書心得：直接給予內容，讓 ChatGPT 撰寫讀書心得。

● 請求學習建議：各類知識的學習建議，皆可以請教 ChatGPT。

5-2-1　ChatGPT 其實是一個百科全書

下列是筆者詢問「諾貝爾獎」的緣由。

> **您**
> 請用100個字描述「諾貝爾獎」的緣由

> **ChatGPT**
> 諾貝爾獎源於瑞典科學家阿爾弗雷德·諾貝爾的遺囑，以表彰在物理學、化學、生理學或醫學、文學和和平領域的卓越成就。這個獎項強調貢獻對人類社會的益處，並激勵科學、文學和和平事業的發展。

下列是筆者詢問「中國歷史的春秋戰國時代」。

> **您**
> 請用300個字介紹「中國歷史的春秋戰國時代」

> **ChatGPT**
> 中國春秋戰國時代（約公元前770年至前221年）是中國歷史上動盪而豐富的時期，標誌著諸侯國的崛起與較量。春秋時期（約前770年至前476年）始於周室衰微，諸侯國興起，國家體制轉向分封制度。孔子、墨子等思想家活躍於此時，形成諸子百家的思想激盪。戰國時期（約前475年至前221年）則見諸多諸侯國爭霸，百家爭鳴的思想大爆發，如荀子、孟子、老子等留下深刻的哲學遺產。
>
> 春秋戰國時代的軍事變革與思想開放形成了中國歷史上獨特的文化底蘊。《詩經》、《春秋》、《孟子》等經典的形成，儒家、道家、法家等不同思想體系的興起，為中國文化的多元發展奠定基礎。此外，春秋戰國時代也是中國古代戰國七雄鼎立的時期，其中秦、楚、齊、魏、燕、趙、韓等國輪番興衰，最終由秦國統一，開創了秦代。春秋戰國時代的變局與思想繁榮成為中國古代歷史的一「↓重要篇章，影響深遠，至今仍然是中國文化發展的重要時期。

5-2-2　作文大綱或內容撰寫

學生寫作文的學習目的多元且重要，主要包括：

1. 提高語言能力：透過寫作，學生能夠練習和掌握語言結構、詞彙和語法，有助於提高書面表達能力。

2. 培養思考能力：寫作文要求學生思考主題、組織思路並表達觀點，有助於培養邏輯思考和批判性思維能力。

3. 增強溝通技巧：學生透過寫作文學習如何清晰、有條理地表達自己的想法和感受，有助於增強未來人際溝通的能力。

4. 促進創造力發展：透過寫敘事、描寫、想像等不同類型的作文，學生可以展現自己的創造力和想像力。

5. 認識自我和社會：寫作文能讓學生反思自我、觀察社會，培養自主學習和社會責任感。

6. 加強學科整合：寫作文常涉及多學科知識，有助於學生整合不同學科的知識和技能，促進全面發展。

總而言之，寫作文不僅是語言學習的重要手段，也是培養學生綜合素養的有效途徑。106 年大學指考作文是「在人際互動中找到自己」，筆者讓 ChatGPT 寫出大綱建議，這是非常好的大綱建議，已經不輸給高中國文老師了。

...

> VI. 結語
> A. 自我發展的連續過程
> B. 透過人際互動找到更豐富的自己

下列是 ChatGPT 針對「在人際互動中找到自己」的作文範本。

> **您**
> 請寫一篇600個字「在人際互動中找到自己」的作文

> **ChatGPT**
> 在這個充滿人際互動的現代社會中，找到自己成為了一個關鍵的課題。人際互動不僅僅是日常生活的一部分，更是一種發現自我的方式。這種發現是一個連續的、動態的過程，需要深入了解自己的興趣、價值觀，並建立良好的人際關係。透過這樣的互動，我們可以不斷地在人群中找到屬於自己的位置，實現個人的成長和自我實現。
>
> 首先，了解自己是找到自我之路的第一步。透過探索各種興趣和愛好，我們能夠發現自己真正喜歡的事物。這可能包括閱讀、藝術、運動、音樂等各種領域。通過參與這些活動，我們能夠更深刻地理解自己的喜好，並逐漸找到自己的定位。持續學習和成長也是這一過程的一部分，因為透過學習，我們能夠不斷豐富自己的知識，拓展視野，進而更好地認識自己。

> 同時，定義個人的價值觀和信仰也是發現自己的重要方面。通過反思自己的核心價值，我們能夠建立起一個清晰的生活方向。這包括對於正確與錯誤的認知，對於生命意義的思考，以及對於社會責任的認識。這樣的價值體系不僅為自己提供了行為的指南，同時也在人際互動中塑造了自己的形象。
>
> 建立良好的人際關係是在人際互動中找到自己的另一重要途徑。主動溝通是其中的關鍵，學習有效溝通技巧能夠使我們更好地表達自己，理解他人。開放性地分享自己的想法和感受，能夠建立起真實、深刻的人際連結。同時，尊重他人也是維繫關係的基石，接納不同的觀點和背景，建立起互相尊重的關係。透過這樣的互動，我們不僅可以發現他人的價值，同時也能夠更好地理解自己在集體中的角色。
>
> 然而，人際互動中難免會遇到挑戰和衝突。接受批評和建議是成長的一部分，將批評視為成長的機會，並運用建議來改進自己。同時，解決衝突也需要我們學習冷靜應對，尋找解決問題的方法。這樣的困難並不是阻礙，而是一個使我們更加堅強和成熟的契機。

發展自我信心同樣是在人際互動中找到自己的一個重要環節。建立成功經驗是培養自信心的有效途徑，設定小目標並實現它們，逐漸累積自信。同時，也要學會接受失敗並從中學習，將失敗視為人生的一個重要教訓，而非挫折。

總的來說，在人際互動中找到自己是一個動態的過程，需要我們不斷地探索、學習、成長。這是一個豐富而有趣的旅程，透過這樣的努力，我們能夠在群體中找到自己的位置，實現更好的自己。因此，在與他人交往的過程中，讓我們始終保持開放的心態，不斷發現、塑造、並獨特地展現自己。

5-2-3　報告與大綱的撰寫

下列是筆者請求撰寫「AI 的未來」大綱的建議。

您
我想寫一篇「AI的未來」請給大綱建議

ChatGPT
標題：AI的未來

I. 引言
A. AI的迅速發展
B. 對社會、經濟和科技的影響

II. **AI技術的演進**
A. 機器學習和深度學習的進步
B. 自然語言處理和認知計算的發展
C. 新興技術的崛起（如量子計算、語音辨識等）

…

VII. **結語**
A. 對AI的期望和擔憂
B. 人類在AI發展中的角色
C. 未來的AI生態系統

這個大綱提供了一個全面的結構，讓你可以深入探討AI的未來。你可以根據需要調整各個部分的範圍和內容，以確保文章的焦點符合你的寫作目的。

讀者可以針對大綱，請求 ChatGPT 撰寫報告內容，下列是 ChatGPT 所寫「引言」的內容實例。

您
請撰寫「AI的未來」的「引言」

ChatGPT
引言：

人工智慧（Artificial Intelligence，簡稱AI）正成為21世紀最引人注目的技術之一，其迅猛的發展已經深刻改變著我們的社會、經濟和科技格局。從早期的概念演變到今日應用於各行各業，AI正引領著人類進入一個前所未有的時代。在這個充滿挑戰和機遇的過渡時期，我們迫切需要深入探討AI的未來，理解它對我們生活的深遠影響，並面對相應的挑戰。

隨著機器學習和深度學習等技術的革新，AI已經不再是一個遙不可及的夢想，而是日益融入我們的日常生活。它在醫療保健、金融、教育、工業等領域的應用，正在改變我們的工作方式、生活品質，甚至是我們的思考模式。這種改變不僅體現在效率的提升和問題的解決上，更深刻地觸動了我們的價值觀、↓ 底線和社會結構。

...

然而，AI的未來並非一帆風順，也伴隨著眾多挑戰。隨著科技進步，AI在就業和職業方面帶來的變革不容忽視。同時，隨之而來的是對於隱私保護、倫理標準和社會公平等方面的關切。這些挑戰迫使我們深入思考，如何引導AI的發展，使其更好地服務於人類，而不是成為我們的主宰。

因此，本文將詳細探討AI的技術演進、在不同領域的應用、社會影響、未來的發展趨勢以及人類與AI的互動。透過這些探討，我們或許能夠更清晰地看到AI將如何影響我們的未來，以及我們應當如何迎接這個充滿可能性和挑戰的未來時代。

讀者可以繼續讓 ChatGPT 協助寫其他大綱內容，就可以成為一篇完整的報告。

5-2-4 閱讀論文撰寫摘要

AI 時代，AI 音樂也是一個重要的主題，Google 公司雖未有商業化的產品，但是也沒有在此領域缺席，Google 公司有發表一篇 MusicLM:Generating Music From Text(MusicLM：用文字產生音樂)。

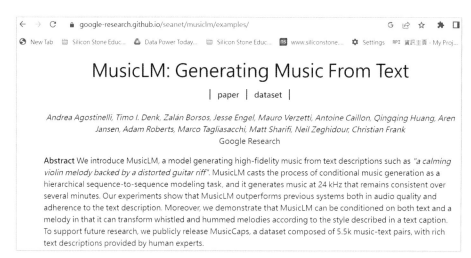

上述內容取材自下列網址

https://google-research.github.io/seanet/musiclm/examples/

筆者將上述文章全部選取、複製到 ChatGPT 的輸入框，同時要求用中文摘要內容，如下所示：

您

請幫我閱讀下列文章，然後寫 中文摘要

MusicLM: Generating Music From Text

|||

Andrea Agostinelli, Timo I. Denk, Zalán Borsos, Jesse Engel, Mauro Verzetti, Antoine Caillon, Qingqing Huang, Aren Jansen, Adam Roberts, Marco Tagliasacchi, Matt Sharifi, Neil Zeghidour, Christian Frank

Google Research

Abstract We introduce MusicLM, a model generating high-fidelity music from text descriptions such as "a calming violin melody backed by a distorted guitar riff". MusicLM casts the process of conditional music generation as a hierarchical sequence-to-sequence modeling task, and it generates music at 24 kHz that remains consistent over several minutes. Our experiments show that MusicLM outperforms previous systems both in audio quality and adherence to the text description. Moreover, we demonstrate that MusicLM can be conditioned on both t ↓ ᵤnd a melody in that it can transform whistled and hummed melodies according to the style described in a text caption. To support

然後可以得到下列中文摘要。

 ChatGPT

這篇文章介紹了名為MusicLM的模型，它能夠根據文本描述生成高保真音樂，例如"一個寧靜的小提琴旋律，背後是一個變形的吉他副旋律"。MusicLM將有條件的音樂生成過程視為一個分層的序列到序列建模任務，並能夠在24 kHz的音頻中生成在數分鐘內保持一致的音樂。實驗結果顯示，MusicLM在音頻質量和對文本描述的遵從方面均優於先前的系統。此外，MusicLM還展示了它能夠根據文本和旋律的雙重條件進行生成，從而能夠根據文本標題轉換口哨和哼唱旋律。為了支持未來的研究，他們還公開發布了MusicCaps數據集，其中包含5.5k組音樂-文本對，並由人類專家提供豐富的文本描述。

此外，文章還介紹了一些音樂生成的應用實例，包括根據豐富的文本標題生成音樂，以及使用不同的樂器、風格、音樂家技能水平、地點、年代等條件生成多樣性的音樂樣本。這些實例展示了MusicLM模型的靈活性和多樣性，使其在生成音樂方面具有廣泛的應用前景。

5-2-5　協助撰寫履歷表

每一位學生畢業後，撰寫履歷表進入職場，撰寫履歷表是必經歷程，我們可以借助 ChatGPT 完成履歷撰寫。如果無法給予完整的學經歷，ChatGPT 只能依據大眾化格式產生履歷，為了要有一個符合自己特色的履歷，建議給予完整的資料，下列是實例：

姓名：洪星宇

學歷：明志科技大學電機系

語言能力：Python、Java、HTML、CSS、JavaScript

軟體能力：WordPress、Photoshop、Illustrator

其他技能：SEO 知識

目標：網頁設計師

獲獎紀錄：SSE 攝影競賽全國第一名。

> **您**
> 我想要應徵網頁設計師，請協助撰寫履歷表，我的個人資料如下：
> 姓名：洪星宇
> 學歷：明志科技大學電機系
> 語言能力：Python、Java、HTML、CSS、JavaScript
> 軟體能力：WordPress、Photoshop、Illustrator
> 　其他技能：SEO知識
> 　目標：網頁設計師
> 　獲獎紀錄：SSE攝影競賽全國第一名。

> **ChatGPT**
> 履歷表
>
> 姓名：洪星宇
> 聯絡電話：[你的電話號碼]
> Email：[你的電子郵件地址]
> LinkedIn：[你的LinkedIn個人檔案]　　↓

教育背景：

- 學歷：明志科技大學，電機系
  (請加入相關的學術成就或專業課程)

技能專長：

1. 程式語言：
   - Python
   - Java
   - HTML
   - CSS
   - JavaScript
2. 網頁設計工具：
   - WordPress
   - Photoshop　　　　↓
   - Illustrator

3. 其他技能：
   * SEO知識

經歷：
[這裡可以加入你的實習經歷、專案經驗等，突顯與網頁設計相關的工作內容]

獲獎紀錄：

* SSE攝影競賽全國第一名

目標：
追求成為一位卓越的網頁設計師，將我的技術與創造力發揮到極致，致力於為客戶打造令人印象深刻的網站體驗。

作品集：
[提供連結或附上作品集，展示你的設計風格和專業技能]

↓

自我介紹：

我是一位熱愛網頁設計且具有豐富技術背景的設計師。憑藉著在SSE攝影競賽中的成就，展現了我的創意和執行力。我熟練運用各種程式語言和設計工具，並以SEO知識提升網站搜尋效能。期望能夠加入貴公司，進一步挑戰自己，並貢獻我的專業技能。

感謝您撥冗閱讀我的履歷，期待有機會與您進一步討論我的申請。

5-2-6　指出履歷的弱點

 您
請說明這個履歷應徵網頁設計工程師的弱點

ChatGPT
這份履歷在應徵網頁設計工程的過程中可能存在一些弱點，需要特別注意和改進：

1. **缺乏詳細的經驗描述**：在經歷部分，缺乏對實際專案或實習經驗的詳細描述，這可能使雇主難以評估你的實際工作經歷和成就。
2. **技能的層次說明**：雖然列出了各種技能，但沒有提供這些技能的層次或應用經驗的細節。建議在經歷中加入具體的案例，展示你如何應用這些技能來解決實際問題。
3. **缺乏專案作品集連結**：在作品集方面，雖然有提到可以提供連結，但履歷本身未附上實際連結或陳述更多關於過去作品的細節，這樣可能使雇主難以評估你的設計風格和水準。
4. **自我介紹篇幅有限**：自我介紹部分簡短，可以進一步展開，突顯你的獨特性格、動機和為何適合該職位。
5. **教育背景篇幅較簡略**：雖然提到了學歷 ↓ 但缺乏相關的學術成就或課程細節，這可能使雇主難以評估你的學習背景。

> 為了加強這份履歷，建議在經歷和技能部分提供更具體的例子，附上作品集的實際連結，
> 並在自我介紹中展示更多的熱情和動機。同時，在教育背景部分補充相關的學術成就或課
> 程，使雇主能夠更全面地評估你的資歷。

從上述可以看到 ChatGPT 不僅指出履歷的弱點，同時也列出改進方式，這對讀者
應徵工作時非常有幫助。

5-2-7　協助撰寫應徵信

 你可以協助撰寫應徵網頁工程師的信嗎

當然，以下是一份應徵網頁設計工程師職位的範例信件。您可以根據具體情況進行修改和補
充：

[您的地址]
[您的城市,郵遞區號]
[日期]

[公司名稱]
[公司地址]
[公司城市,郵遞區號]

敬啟者，

我在[職缺來源,例如公司網站或招聘網站]看到貴公司正在招聘網頁設計工程師一職，非常興
奮地寫信申請這個職位。作為一名擁有明志科技大學電機系學士學位的專業人士，我相信我
的技能和經驗可以為貴公司帶來貢獻。

在學期間，我積極參與了多個網頁設計項目，並熟練掌握了Python、Java、HTML、CSS、和JavaScript等程式語言。這些項目讓我不僅鍛煉了實際應用技能，更讓我理解了團隊合作和有效溝通的重要性。

此外，我也具備使用WordPress、Photoshop、Illustrator等軟體的能力，並對SEO有深入的理解。這些技能使我能夠從設計到開發，全方位地參與網頁項目。

我的其他成就包括在SSE攝影競賽中獲得全國第一名。這次經歷不僅提升了我的視覺設計能力，更讓我學會了如何在壓力下保持冷靜，迎接挑戰。

我對貴公司的使命和價值觀感到共鳴，並期待有機會成為團隊的一部分。隨信附上我的履歷，以供您參考。如果有任何需要進一步了解的地方，請隨時與我聯繫。

感謝您花時間閱讀我的申請，期待有機會與您面談，進一步討論我的資格和這個職位。

誠摯的，

[您的全名]
[您的電話號碼]
[您的電子郵件地址]

附件：履歷

5-2-8 請告知我可能會被考的問題與給我解答

您
請告訴我可能會被考的問題，以及給我解答建議

ChatGPT
在網頁設計師的面試中，面試官可能會問及多方面的問題，包括技術、經驗、和一些行為面試問題。以下是可能會被考慮的問題以及解答建議：

1. **技術問題：**
   - 問題：請解釋什麼是响应式網頁設計（Responsive Web Design）？
   - 解答建議：Responsive Web Design是一種設計方法，使網站能夠適應不同設備和螢幕尺寸。透過使用媒體查詢、彈性佈局和彈性圖片等技術實現。
   - 問題：請講解CSS盒模型。
   - 解答建議：CSS盒模型是指將HTML元素視為一個矩形的盒子，包括內容（content）、內邊距（padding）、邊框（border）、和外邊距（margin）。

- 問題：請解釋什麼是AJAX，以及它的作用。
- 解答建議：AJAX（Asynchronous JavaScript and XML）是一種技術，允許在不重新載入整個網頁的情況下，通過JavaScript向伺服器發送和接收數據。它能實現動態的、即時的數據更新，提升使用者體驗。

2. **經驗和作品問題：**
   - 問題：能分享一個你最自豪的網頁設計專案嗎？
   - 解答建議：提供一個具體的專案，描述你的角色、面臨的挑戰、解決方案，以及專案的結果。附上作品連結，如果可能的話。
   - 問題：你遇到過一個難以解決的技術問題嗎？你是如何處理的？
   - 解答建議：講述你遇到的問題、分析問題的過程、你所採取的解決方案，以及最終的結果。強調你的問題解決能力和學習過程。

3. **行為面試問題：**
   - 問題：你是如何跟團隊合作的？
   - 解答建議：強調你的團隊合作技能，分享一個成功的團隊合作經驗，談談你如何與不同角色的團隊成員合作。

- 問題：描述一次你面臨壓力的情境，你是如何應對的？
- 解答建議：講述一個真實的例子，強調你的應變能力、冷靜處理問題的能力，以及在壓力下取得的成果。

在回答問題時，請保持清晰、有邏輯、具體，並展現你的專業知識和個人特質。同時，展現積極的態度和對學習的熱愛。

5-2-9　職場面試應該注意事項

> **您**
> 請告訴我職場面試應該注意的事項

ChatGPT
在職場面試中,注意以下事項可以提高你的表現和給雇主留下良好的印象:

1. **積極的身體語言**:保持自信、積極的身體語言,包括站姿、握手、眼神交流等。這有助於展現你的自信和專業形象。
2. **注意言行一致**:確保你的言行一致,回答問題時保持清晰、有邏輯,避免矛盾的回答。言行一致有助於建立你的可信度。
3. **積極參與對話**:展現你對公司和職位的了解,主動提問有關工作內容、團隊文化等相關問題。這表現出你對該職位的興趣和主動性。
4. **強調解決問題的能力**:在面試中,強調你的解決問題能力。分享過去面臨的挑戰,以及你是如何應對並解決的。這有助於展示你的實際能力。
5. **適應性和靈活性**:展現你對變化的適應能力和靈活性。給雇主看到你可以適應新環境、學習新技能的意願。

↓

6. **尊重時間**:提前到達面試地點,尊重面試官的時間。這顯示你對面試的重視程度。
7. **積極回應問題**:回答問題時保持積極,避免過於負面的表達。即便談到挑戰,也強調你的學習經驗和成長。
8. **提前做好研究**:對公司、職位和行業進行足夠的研究。這有助於回答相關問題時表現出你的了解和興趣。
9. **適度的自我宣傳**:在適當的時機,適度地自我宣傳,強調你的專業技能、經驗和成就。但要注意避免過分自誇。
10. **感謝和後續**:面試結束後,發送一封感謝信,表達你對機會的感謝,並重申你對該職位的興趣。這有助於留下良好的印象。

記得要保持真實、自信,展現你的真實個性,同時也要展示你具有與公司文化和團隊相匹配的特質。

5-3 教師應用 ChatGPT

5-3-1 準備教學內容

請準備「台灣原住民發展史」的 3 頁教學資料。

> **您**
> 請幫我準備3頁「台灣原住民發展史」的教學資料

> **ChatGPT**
> 抱歉，由於文字敘述的長度限制，我無法提供完整的3頁「台灣原住民發展史」的教學資料。不過，我可以提供一個大致的大綱，供你參考，你可以根據需求進行擴充和修改：

台灣原住民發展史

第一頁：簡介

1.1 定義與分類

- **原住民族群分類**：描述台灣各原住民族群，如阿美族、泰雅族、排灣族等。
- **特色與文化**：每個族群的獨特文化、語言、傳統藝術等。

1.2 史前時期

- **早期居住**：講述原住民早期定居台灣的歷史。
- **生活方式**：描述狩獵、採集、農耕等生活方式。

第二頁：歷史發展

2.1 荷蘭時期

- **荷蘭東印度公司**：荷蘭人在台灣的統治和影響。
- **文化衝突**：荷蘭文化對原住民文化的影響。

2.2 清朝時期

- **族群互動**：描述清朝時期原住民與漢人的互動。
- **平埔族群**：講述平埔族群的歷史和文化。

2.3 日治時期

- **政策變革**：日本統治下的政策變革對原住民的影響。
- **文化保存**：原住民文化在日本統治時期的保存與發展。

第三頁：現代發展

3.1 1945年後

- **政治變遷**：國共內戰後台灣的政治環境對原住民的影響。
- **土地問題**：原住民土地權益的爭議和發展。

3.2 文化復興

- **語言保存**：原住民語言的保存和振興。
- **藝術與手工藝**：講述原住民傳統藝術和手工藝的復興。

3.3 社會參與

- **政治參與**：原住民在政治上的參與和發展。
- **教育與就業**：講述原住民在教育和就業方面的發展。

以上僅是一個簡單的大綱，你可以根據 ↓ 的需求，添加更多細節、數據、圖片等，以使教學資料更豐富和生動。

5-3-2　準備問卷調查

您
請準備「台灣原住民發展史」的問卷，共5題，以了解學生接收的程度

ChatGPT
當然，以下是一份簡單的問卷，以了解學生對「台灣原住民發展史」的接收程度。這僅是參考，你可以根據具體教學內容和目標進一步調整。

台灣原住民發展史問卷調查

感謝您參與我們的問卷調查，請回答以下問題，以協助我們了解您對台灣原住民發展史的學習程度。

1. 您對台灣原住民的不同族群有多了解？
   - 很了解
   - 了解一些
   - 不太了解
   - 完全不了解
2. 在這次學習中，您覺得哪個時期的內容最引人入勝？
   - 史前時期
   - 荷蘭時期
   - 清朝時期
   - 日治時期
   - 1945年後
3. 您覺得學到的文化元素中，哪些對您印象深刻？
   - 語言
   - 傳統藝術
   - 生活方式
   - 宗教信仰
   - 其他（請說明）

↓

4. 您對於台灣原住民發展史的教學方法有何建議？
   （開放式回答）
5. 您認為這門課程對您了解台灣原住民文化有何影響？
   - 非常正面的影響
   - 有一定正面影響
   - 影響不大
   - 沒有影響

感謝您的協助，您的回饋將有助於我們不斷改進教學內容。

5-3-3　協助準備附有解答的考題

> JI　**您**
> 請協助出3題是非題，3題選擇題，請同時附上解答，了解學生對於「台灣原住民」發展史的學習狀況

> **ChatGPT**
> 當然，以下是一些問題，包括3題是非題和3題選擇題，以了解學生對「台灣原住民」發展史的學習狀況。同時，附上解答供參考。
>
> ### 是非題：
>
> 1. **是非題**：台灣原住民在史前時期主要以漁獵和採集為生。
>   - **解答**：是
> 2. **是非題**：荷蘭時期，荷蘭人對台灣原住民的統治主要以和平合作為主。
>   - **解答**：否
> 3. **是非題**：日治時期，日本政府積極保護並推動原住民的語言和文化。
>   - **解答**：否
>
> ↓

> ### 選擇題：
>
> 1. **選擇題**：台灣原住民發展史中，哪一個時期有較大的文化衝突？
>   - a. 清朝時期
>   - b. 荷蘭時期
>   - c. 日治時期
>   - d. 史前時期
>   - **解答**：c. 日治時期
> 2. **選擇題**：哪個原住民族群被稱為「飛行部落」，以獨特的航海技巧著稱？
>   - a. 阿美族
>   - b. 泰雅族
>   - c. 魯凱族
>   - d. 美雅族
>   - **解答**：a. 阿美族

3. **選擇題：** 1945年後，原住民在政治上有更多的參與，最早的原住民立法委員是？

- a. 巴傑斯（Kolas Yotaka）
- b. 拉瑪（Mayaw Biho）
- c. 翁章梁（Icyang Parod）
- d. 林榮三（Walis Pelin）
- **解答：** c. 翁章梁（Icyang Parod）

這些問題旨在考察學生對於台灣原住民發展史的基本認知，並鼓勵他們對該主題進一步思考。

第 6 章
ChatGPT 在企業的應用

6-1 ChatGPT 行銷應用

　　ChatGPT 可以協助撰寫行銷文案，也可以規劃行銷文案，創意遠超過一般行銷人員，這將是本節的主題。

6-1-1　行銷的知識

> **您**
> 請告訴我行銷的知識

> **ChatGPT**
> 當談到行銷時，這涉及到推廣和銷售產品或服務的一系列活動和策略。以下是一些行銷的基本知識：
>
> 1. **目標市場和定位**：了解您的目標市場是行銷成功的基礎。確定您的產品或服務的目標受眾，並確保您的行銷訊息能夠吸引和滿足這個特定受眾。
> 2. **市場研究**：進行市場研究以了解行業趨勢、競爭情況和潛在客戶的需求。這可以幫助您制定更有針對性的行銷策略。
> 3. **營銷策略**：制定一個全面的行銷策略，包括定價、產品定位、分發渠道和促銷活動等。這將有助於確保您的產品或服務在市場上取得成功。
> 4. **品牌建立**：建立和維護品牌形象是行銷中的一個重要方面。這包括品牌設計、故事講述、品牌價值觀等，以吸引客戶並構建品牌忠誠度。
> 5. **數據分析**：利用數據分析工具來追蹤 ↓ 估行銷活動的效果。這有助於確定哪些策略有效，並進行必要的調整。

6. **社交媒體行銷**：利用社交媒體平台進行行銷是當今的一個重要趨勢。這包括在各種社交媒體上建立存在，與受眾互動，提升品牌知名度。
7. **內容行銷**：提供有價值的內容，以吸引潛在客戶。這可以通過部落格、文章、影片等形式實現，有助於建立權威性並提高搜索引擎排名。
8. **關係行銷**：建立和維護與客戶之間的積極關係。這可以透過客戶服務、回饋機制和忠誠度計劃實現。
9. **網絡行銷**：利用網絡渠道，包括網站、電子郵件和網上廣告，來推廣產品或服務。
10. **行銷倫理**：確保您的行銷活動符合倫理標準，不使用誤導性或不誠實的手段。

　　這只是行銷領域的一小部分，行銷是一個不斷發展的領域，您可能需要不斷學習和調整策略以應對市場變化。

6-1-2　撰寫行銷文案

如果我們沒有給予詳細的產品資料，所產生的文案是一般性的行銷文案。建議要求 ChatGPT 寫行銷文案時，最好提供產品特色、功能、優點，甚至用實際例子，越詳細越好。下列是一個推銷衛星手機的行銷文案。

> **您**
> 請協助撰寫推銷「衛星手機」的行銷文案

> **ChatGPT**
> 當您撰寫衛星手機的行銷文案時，您希望強調這款手機的獨特功能和價值，以吸引潛在客戶。以下是一個可能的行銷文案示例：

標題：突破極限，無限連線！

副標題：探索未知，不受地域限制的衛星手機現已登場！

段落1：解放你的通訊，超越極地極限

傳統手機僅限於城市和人口密集區的使用，而現在，我們引進一款衛星手機，讓你可以在荒野、山區、沙漠，甚至是極地地區都保持通訊暢通無阻。無論是冒險探險還是業務差旅，這部手機將成為你的最佳夥伴。

段落2：強大的全球覆蓋範圍

我們的衛星手機採用先進的衛星通信技術，實現真正的全球覆蓋。不再受限於地面基站的局限，你可以在任何地方都保持通話和短信聯繫。這是真正的通信自由，為你的冒險生活提供了更廣泛的可能性。

段落3：堅固耐用，面對極端環境

衛星手機的外殼設計堅固耐用，符合軍事標準，可以抵禦極端溫度、潮濕、塵土和震動。無論是攀登高峰、穿越沙漠還是冒險探險，這部手機都能在任何環境中可靠運作。

段落4：多功能應用，滿足你的需求

除了強大的通信功能，衛星手機還搭載了豐富的多功能應用，包括GPS定位、緊急呼叫功能、氣象預報等，讓你在任何情況下都能充分利用手機的功能，確保你的安全和便利。

> **結語：遠離限制，與世界保持聯繫**
>
> 現在，不再受制於地域，你可以與這個世界的每個角落保持聯繫。衛星手機，為你的生活和冒險提供了新的可能性。趕快擁抱未知，購買你的衛星手機，開始一場全新的冒險旅程！

　　從上述可以看到，ChatGPT 已經依據「衛星手機」的特色寫一個很好的行銷文案，下列是筆者增加「衛星手機特色」，同時說明是推廣「太陽牌衛星手機」，所產生的文案。

> 您
> 請撰寫銷售「太陽牌衛星手機」的行銷文案，「太陽牌衛星手機」具有「太陽能充電、9600萬畫素解析度、全球無死角、耐摔、耐熱、耐寒」特色

> **ChatGPT**
> 標題：重新定義極致科技，太陽牌衛星手機強勢登場！
>
> 副標題：太陽能科技引領，9600萬畫素銳利畫面，極致耐用，任你挑戰極端環境！

> **段落1：無盡動力，太陽能充電重新定義行動力**
>
> 太陽牌衛星手機引領未來，搭載太陽能充電科技，將陽光轉化為無窮的電源。在戶外冒險、露營或緊急狀況中，你將擁有持久的電池續航，無需擔心電力不足。

> **段落2：畫面如真，9600萬畫素呈現生動奇景**
>
> 太陽牌衛星手機的9600萬畫素鏡頭，捕捉每一刻的精采瞬間，呈現更細緻、更真實的畫面。無論是日常生活還是大自然奇觀，都能以超高解析度完美呈現。

> **段落3：全球通信，無死角無阻礙**
>
> 太陽牌衛星手機確保你在全球任何一個角落都能保持通訊順暢，不受地理限制。藉由先進的衛星通信技術，你將擁有穩定、清晰的通話體驗，無論身處何處，都能保持聯繫。

> **段落4：耐摔耐熱耐寒，堅固面對極端考驗**
>
> 太陽牌衛星手機不僅外型精緻，更經過專業測試，具備耐摔、耐熱、耐寒的特性。面對極端環境的挑戰，它能夠保護你的通訊工具，確保在任何狀況下都能正常運作。

> **結語：太陽牌衛星手機，極致科技的極致選擇！**
>
> 太陽牌衛星手機，不僅擁有卓越的科技，更是冒險者的理想之選。太陽能充電、高畫素、全球通信，再加上堅固的耐用性，讓你挑戰極限時，擁有最強大的夥伴。選擇太陽牌衛星手機，開啟你的極致冒險！

6-1-3　行銷規劃

ChatGPT 除了可以寫行銷文案，也可以規劃行銷。

 您
請為上述「太陽牌衛星手機」規劃3個行銷活動

ChatGPT
行銷活動1：「太陽能冒險之旅」

活動內容：
舉辦一場太陽能冒險之旅，邀請消費者報名參與一次特殊的戶外體驗活動，如登山、露營、或沙漠探險。在活動中，參與者可體驗太陽牌衛星手機的太陽能充電功能，並分享他們在活動中使用手機的經驗。活動結束後，參與者有機會獲得限量版太陽牌衛星手機和其他豐富禮品。

宣傳方式：

1. 透過社交媒體和活動網站宣傳活動詳情，吸引目標受眾參與。
2. 與戶外冒險相關的社群和網站合作，擴大宣傳範圍。
3. 利用影片、照片和參與者故事，創建引人入勝的宣傳內容。

行銷活動2：「極致解像度攝影比賽」

活動內容：
舉辦一場太陽牌衛星手機的極致解像度攝影比賽，邀請參賽者用手機拍攝最令人印象深刻的照片。比賽將分為不同主題，如自然風景、極端環境、冒險瞬間等。得獎者有機會獲得現金獎勵、太陽牌衛星手機和攝影器材。

宣傳方式：

1. 在社交媒體平台上宣傳比賽，激發用戶參與熱情。
2. 與攝影社群和相關品牌合作，擴大活動知名度。
3. 運用品牌官方網站和線上論壇，提供報名和投稿通道，提高參與度。

行銷活動3:「極端環境實境挑戰」

活動內容:

在太陽牌衛星手機的實體店面或展示點舉辦一場極端環境實境挑戰活動。透過模擬真實的極端環境,如高低溫室、振動平台等,讓參與者親身體驗太陽牌衛星手機的耐用性。完成挑戰的參與者將有機會獲得限量版商品和折扣券。

宣傳方式:

1. 利用社交媒體預告活動,引起受眾興奮和期待。
2. 舉辦媒體日,邀請相關媒體和部落客參與挑戰,增加報導曝光。
3. 利用現場直播和影片回顧,擴大活動的線上影響力。

6-1-4　設計廣告短片腳本

前一小節我們有了行銷活動,也可以進一步要求 ChatGPT 協助我們設計廣告短片的腳本。

您
我想為「太陽牌衛星手機」拍一個廣告短片,你可以設計腳本嗎?

ChatGPT
當然可以!以下是一份「太陽牌衛星手機」廣告短片的腳本:

標題:「突破極限,與太陽同行」

[開場]

[場景1]

音樂起,開場是一個令人驚嘆的自然風景,太陽緩緩升起。

旁白:在這個廣袤的世界上,冒險者總是在尋找新的極限,而現在,太陽牌帶你挑戰極致冒險!

[場景2]

畫面轉到一位冒險者手持太陽牌衛星手機，走在高山峻嶺上。

旁白：太陽牌衛星手機，一部堅固耐用，兼具高畫素和太陽能充電的行動夥伴。

[場景3]

冒險者停下來，手機連接到太陽牌太陽能充電器，吸收陽光轉化為能源。

旁白：太陽能充電，讓你的冒險不再受電力限制。

[場景4]

畫面轉到手機的鏡頭，拍攝到極高畫質的自然景色。

旁白：9600萬畫素解析度，捕捉每一刻的真實與美麗。

[場景5]

畫面快速切換，冒險者在沙漠、雪地、叢林中使用太陽牌衛星手機。

旁白：全球通信，無死角無阻礙，讓你與世界任何一角保持聯繫。

[場景6]

冒險者手機掉落在地上，但仍然完好無損。

旁白：耐摔、耐熱、耐寒，太陽牌衛星手機，堅固面對極端考驗。

[場景7]

冒險者與一群朋友一同舉起太陽牌衛星手機，笑容滿面。

旁白：太陽牌衛星手機，重新定義你的冒險，與太陽同行！

[結尾]

旁白：這就是太陽牌衛星手機，挑戰極限，無所畏懼。現在，讓我們一同踏上冒險之旅，與太陽牌，突破極限，啟程未知。

[畫面淡出，太陽牌衛星手機標誌浮現，背景音樂漸弱。]

6-2　圖文方式貼文

建立圖文方式的貼文，可以使用 3 類方式，下列將分別說明。

6-2-1　Emoji 方式

> **您**
> 我的網站銷售「葡萄」、「芒果」、「玉荷包」，請以適合Emoji方式撰寫推廣文

> **ChatGPT**
> 🍇 🍈 🌸 愛上新鮮水果的滋味！探索我們的網站，品嚐美味的「葡萄」、「芒果」和「玉荷包」！新鮮、甜蜜，讓你的味蕾感受水果的盛宴！ 🍏 ✨ 快來購買，享受健康生活的美好滋味！ 📭 👉 [你的網站連結] 🍎 #新鮮水果 #健康生活 #水果盛宴

6-2-2　圖文方式

> **您**
> 我的網站銷售「葡萄」、「芒果」、「玉荷包」，請以適合的圖文方式撰寫推廣文

> **ChatGPT**
> 標題：「網羅美味，新鮮水果大放送！」
>
> 圖片：一張繽紛多彩的水果拼盤，包含葡萄、芒果和玉荷包，令人垂涎欲滴。
>
> ## 正文：
>
> 🌟 親愛的果迷朋友們，您準備好迎接一場口感與鮮甜齊飆的水果盛宴了嗎？我們的網站為您帶來了新鮮、營養豐富的「葡萄」、「芒果」和「玉荷包」，讓您的味蕾在這個季節繽紛綻放！
>
> 🍇 葡萄：粒粒飽滿，酸甜交織，每一口都是陽光和甜蜜的味道。無論是作為點心、製作果汁，還是搭配芝士，都是您健康生活的 ⬇ 選擇。

🫐 **芒果**：金黃多汁，散發著濃濃的熱帶風情。每一顆芒果都猶如夏天的陽光，讓您在冷飲、沙拉或甜點中盡情感受熱帶的味道。

🫐 **玉荷包**：外皮脆嫩，內裡鮮美。這款甜蜜的水果以其特有的風味，讓您在品味的同時感受到自然的恩賜。無論是單吃還是添加到水果拼盤，都是美味可口的選擇。

🎁 現在，凡購買我們的水果，更有精美禮品送上！每一次的選購，都是對您品味生活的一種堅持。

🚀 快來我們的網站探索更多新鮮水果的驚喜吧！每一個水果都經過精心挑選，保證給您最佳的品質和口感。讓我們一同在美味的世界中遨遊，品味自然的馨香！

👉 立即購物

🍇 讓每一天都充滿果香與活力，與我們一同打造美好的生活體驗！

6-2-3　IG 方式貼文

IG 方式貼文，可以呈現活潑圖示當行銷文案開頭，整個文案生動引人關注。

您
我的網站銷售「葡萄」、「芒果」、「玉荷包」，請以適合IG方式撰寫推廣文

ChatGPT
文案1：

🍇 **探尋葡萄的美味秘境** 🍇

在每一顆葡萄中，都隱藏著一場美味的冒險！從脆爽的綠葡萄到濃郁的紅葡萄，我們的選擇總是讓你愛不釋手。點擊連結，一同品味自然的美好滋味。 🫐 #葡萄探險 #水果大集合

連結：[葡萄探險連結]

文案2：

🥭 **芒果季來襲，尋找最甜蜜的滋味** 🥭

讓芒果的酸甜在你的味蕾中綻放！我們的新鮮芒果直送，保證給你最美味的口感。不只是水果，更是一場味覺之旅。點擊連結，將芒果的芬芳帶入你的生活。😋 🥭 #芒果季節 #水果享悅

連結：[芒果季節連結]

文案3：

🍈 **玉荷包，天然的甜蜜芬芳** 🍈

品味夏日的甜美，就從我們的玉荷包開始！每一口都是大自然的溫柔擁抱，充滿清新果香。無添加，保證天然，是你最健康的零食選擇。立即選購，感受自然的馨香。🍃 🌿 #玉荷包 #水果小吃

連結：[玉荷包連結]

這些文案可以搭配吸引眼球的圖片和適當的互動標籤，讓你的產品在Instagram上引起更多用戶的興趣和參與。

6-3 員工加薪的議題

許多人在職場期待加薪的心情，在此我們看 ChatGPT 如何處理。

6-3-1 適不適合向老闆提加薪

您

工作很久了，老闆都不加薪，你認為是否適合向老闆提出加薪議題？

ChatGPT

提出加薪議題通常是一個需要謹慎考慮的決定，因為這可能會影響到你與老闆之間的關係。在考慮是否向老闆提出加薪時，你可以考慮以下一些建議：

1. **評估你的表現**：回顧一下你在公司的表現，確保你在工作上有出色的表現並超越了預期。這將提高你談判的籌碼。
2. **市場行情**：調查相同行業和相似職位的薪酬水平，看看你的薪酬是否與市場相符。這將提供你談判的參考依據。
3. **公司狀況**：確保你了解公司的狀況，包括財務狀況和業績。如果公司正處於困境中，可能不是提出加薪的最佳時機。
4. **準備好理由**：列舉你為公司做出的貢獻，並強調你的技能和經驗為公司創造價值。準備好有力的論點，以支持你的加薪要求。

5. **選擇合適的時機**：選擇一個合適的時機來提出加薪請求，最好是在公司業績良好且老闆心情較好的時候。
6. **謹慎選擇語言**：使用積極、尊重和專業的語言來表達你的需求。避免使用負面或要求急迫的措辭。
7. **準備好接受不同的回應**：老闆可能同意加薪，也可能提出其他形式的獎勵或福利。準備好應對各種可能性。
8. **考慮其他選擇**：如果老闆無法同意加薪，你是否願意考慮其他形式的獎勵，如額外的假期、培訓機會或其他福利？

最後，請記住謹慎和尊重是關鍵。提出加薪請求時，展現出你的價值，同時保持對公司和老闆的尊重。

6-3-2 請 ChatGPT 寫加薪的信件

您

可否協助寫一封要求老闆加薪的信件？

ChatGPT

當然可以！以下是一封要求老闆加薪的信件的示例，你可以根據自己的情況進行修改：

[你的名字]
[你的職位]
[日期]

[老闆的名字]
[老闆的職位]
[公司名稱]

尊敬的[老闆的名字],

我希望這封信找到你時,你正處於良好的健康和心情之中。首先,我要感謝你提供我在[公司名稱]工作的機會,這對我而言是一個極為寶貴的經驗。

在過去的[工作年限]中,我很榮幸能夠在這個優秀的團隊中工作,並且我非常熱愛我的工作。在這段時間裡,我盡最大努力履行我的職責,同時不斷努力提升自己以更好地適應公司的需求。

↓

我相信,我在這段時間內的努力與成果已經為公司創造了一些價值。我已經[提及一到兩個具體的成就或貢獻],並且得到了同事和客戶的正面回饋。

然而,我想要與你討論的是我的薪資水平。我一直以來都在努力提升自己的技能和貢獻,並且在市場上調查後發現,相對於類似職位的同行,我的薪酬似乎略顯低於平均水平。

由於我對公司的承諾和對工作的熱情,我希望能夠得到一個公正和合理的薪資。我相信這不僅僅對我個人,也對公司的整體繁榮都是有益的。

我理解公司可能面臨各種挑戰,包括財務方面的,因此我願意與你共同討論這個問題,並尋找一種對雙方都可接受的解決辦法。如果可能的話,我願意安排一個方便的時間,進行進一步的討論。

謝謝你撥冗閱讀這封信,我期待著有機會進一步討論這個問題。

誠摯地,
[你的名字]
↓

6-4　企業調漲折扣議題

一個新品牌的企業,在進入市場初期常常會被要求低折扣,經過幾年新品牌可能

長大，為了要有合理競爭力，因此會想提升賣場折扣，下列是要求 ChatGPT 寫這方面的信件。

> **您**
> 我的公司成立時，因為是新品牌，被要求用比較低的折扣銷售產品到賣場，甚至低於同業，現在公司已經站穩腳跟，想要提高折扣到同業水準，請協助撰寫這方面的信件。

> **ChatGPT**
> 尊敬的[老闆的名字]，
>
> 我希望這封信找到您時，您正過得愉快。首先，我要感謝您一直以來對我在[公司名稱]的支持與信任。
>
> 在過去的幾年裡，我們一同見證了[公司名稱]的成功與成長。當初，為了打開市場，我們接受了提供比同業更低折扣的要求，這使我們在初期贏得了客戶的青睞，成功站穩了市場腳跟。
>
> 現在，我們的品牌已經贏得了廣泛的認可，客戶對我們的信心不斷增加。在這個階段，我們有機會重新評估我們的定價策略，以更好地反映我們產品的價值和市場的需求。

現在，我們的品牌已經贏得了廣泛的認可，客戶對我們的信心不斷增加。在這個階段，我們有機會重新評估我們的定價策略，以更好地反映我們產品的價值和市場的需求。

基於這一點，我想提出一個建議，即調整我們的折扣水平，使其能夠與同業保持一致。這不僅有助於提高我們產品的價值感，還能夠更好地反映我們在市場中的地位。

我了解這是一個敏感的問題，因此我願意與您進一步討論這個調整的影響，以及我們可以採取的步驟來確保這一轉變能夠順利進行。我相信，這樣的調整將有助於我們更好地滿足客戶的需求，同時增強我們在市場上的競爭力。

感謝您撥冗閱讀這封信，期待能夠就這個問題進一步與您深入討論。

誠摯地，
[你的名字]

6-5　企業公告

6-5-1　請假規定公告

以下是公司請假規定的公告，有了 ChatGPT 真是省事很多。

您
請公告員工請假規定

ChatGPT
請假規定公告

親愛的[公司名稱]員工：

為確保公司的運作順暢，同時照顧到每位員工的權益，特此公告公司的請假規定。請各位員工在請假前仔細閱讀以下事項：

1. 事前通知：員工在確定需要請假時，應儘早通知直屬主管，提前請假期間應符合公司相關規定。非計劃性請假應盡可能提前通知。

2. 請假形式：請假應填寫正式的請假申請表格，其中應包括請假原因、請假日期、預計歸來日期等必要信息。請向主管提交完整的請假申請，以便公司進行相應的人力資源安排。

---

3. 醫療證明：若請假是因病情原因，應提供相應的醫療證明或診斷報告。公司保證這些信息的隱私性，僅用於確保合理的請假事由。

4. 長期請假：對於長期請假（超過三天），員工應提前向公司報告，並在合理範圍內提供預計請假期間的工作安排。

5. 薪酬處理：請假期間，薪酬按公司相關規定處理。請確保提前與財務部門溝通，以避免薪資支付上的任何不便。

6. 不得濫用請假：員工應正確合理使用請假權利，不得濫用請假制度。如有濫用行為，公司保留相應的處罰權利。

7. 特殊情況請假：若員工碰到特殊情況（如家庭緊急事件），應立即通知主管，以便公司提供相應協助。

以上請假規定將自公告日期起生效，望各位員工合作遵守。請假規定的任何修改將提前通知並經過相應程序的審批。　　　↓

6-5-2　國內參展公告

您

公司將於2025年11月22~26日，參加台北電子科技大展，展出電子眼鏡，這個眼鏡具有拍照、錄影、打衛星電話功能，請寫電子郵件告知代理商此一訊息。

ChatGPT

Subject: 參展通知：公司將於2025年11月22-26日參加台北電子科技大展

親愛的代理商，

希望您身體健康，事業蒸蒸日上。我們很高興地通知您，我們公司將於2025年11月22至26日參加台北電子科技大展，屆時將展出我們最新的產品——電子眼鏡。

這款眼鏡不僅外觀時尚，還擁有多項強大的功能，包括拍照、錄影和打衛星電話等。我們相信這些先進的功能將為眼鏡市場帶來新的革命，同時提供給使用者更多樂趣和便利。

我們誠摯地邀請您蒞臨我們的展位，一同欣賞這款令人驚豔的產品。您將有機會近距離體驗這款眼鏡的各項功能，並了解我們公 ↓ _電子科技領域的最新發展。

展會詳情：

- 日期：2025年11月22日至26日
- 地點：台北電子科技大展，展位號碼待定

如果您計劃參加，請提前通知我們，以便我們安排相應的接待工作。如果您有任何其他疑問或需要進一步的信息，請隨時與我們聯繫。

感謝您一直以來的支持，期待在展會上與您見面！

祝好，
[您的公司名稱]
[您的職稱]
[您的聯絡方式]

6-6　建立員工手冊

> **您**
> 請建立員工手冊

> **ChatGPT**
> 建立員工手冊是確保員工清楚了解公司政策、流程和期望的一個重要步驟。以下是一個基本的員工手冊範例，您可以根據您的組織需求進行調整：

公司員工手冊

目錄

1. 公司概要
   - 1.1 公司簡介
   - 1.2 使命與價值觀
   - 1.3 公司組織結構
2. 員工期望
   - 2.1 期望的專業態度
   - 2.2 出勤和遲到政策
   - 2.3 著裝規範
   - 2.4 電子郵件和通訊工具使用規範
3. 員工權益和福利
   - 3.1 薪酬結構
   - 3.2 假期政策
   - 3.3 醫療和保險福利
   - 3.4 退休計劃

…

9. 聯絡資訊
   - 9.1 聯絡公司
   - 9.2 緊急聯絡人

員工簽署

我已閱讀並理解公司員工手冊，我同意遵守公司政策和準則。

簽名：_____

日期：_____

請注意，這只是一個通用的範例，您需要根據您公司的實際情況和政策進行修改。確保員工手冊是易讀和易理解的，同時提供清 ↓ 指引，以幫助員工更好地融入公司文化並理解其角色。

上述建立員工手冊時，只列出條目，我們可以進一步請 ChatGPT 產生細節內容。

6-7　存證信函

> 您
> 有一家公司所出版電子眼鏡，「錄影功能」抄襲了本公司的專利，請協助發存證信函。

> ChatGPT
> [您的公司名稱]
> [您的地址]
> [日期]
>
> [對方公司名稱]
> [對方公司地址]
>
> 主旨：侵權行為的發存證函
>
> 敬啟者，
>
> 我們是[您的公司名稱]，一家專注於電子技領域的公司，致力於研發和製造高品質的電子眼鏡。我們注意到貴公司最近推出的電子眼鏡產品，特別是其「錄影功能」，我們感到遺

憾地發現，該功能可能涉及侵犯了我們公司的專利權。

經我方核查，我們發現您公司所使用的「錄影功能」，與我們公司的專利[專利編號]存在相似之處，這使得我們擔憂貴公司的行為可能構成對我們專利權的侵害。

我們認為知識產權的保護是業界發展的重要基石，我們希望貴公司能理解我們對於知識產權保護的重視。為了確保雙方的權益，我們建議進行專利侵權問題的對話和解決。

我們希望貴公司能夠提供更多有關「錄影功能」的技術信息，以便我們更全面地評估該技術是否與我們的專利相關。同時，我們也希望能夠達成一項解決方案，避免進一步的法律行動。

請於收到此函的[合理期限]內回覆，以開啟進一步的討論。我們期待能夠通過友好的協商達成一項互惠互利的協議。

謹此致敬，

[您的名稱]
[您的職稱]
[您的聯絡方式]

6-8　ChatGPT 輔助 Excel

6-8-1　ChatGPT 協助撰寫公式

有一個 Excel 檔案 ch6_1.xlsx 工作表內容如下：

⊿	A	B	C	D	E	F	G	H	I
1									
2			旅遊市場調查報告					最高評價	
3		評分：0-10分						最低評價	
4				西班牙旅遊	瑞士旅遊	法國旅遊			
5		問卷報告							
6		導遊專業度	分數	10	7	5			
7		餐點	分數	8	7	6			
8		住宿	分數	7	9	5			
9		行程安排	分數	5	7	3			
10									

我們可以讓 ChatGPT 告訴我們應如何填入公式，下列是讓 ChatGPT 告訴我們應該如何在「I2」除存格填入最高評價分數。

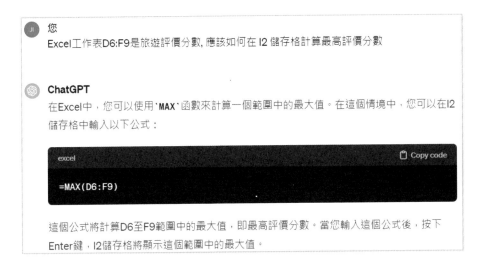

將上述公式複製到 I2 儲存格，可以得到下列結果。

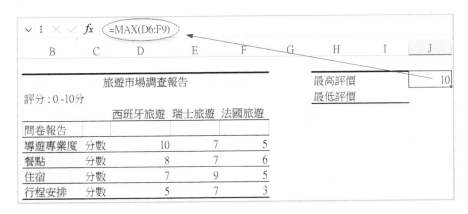

下列是讓 ChatGPT 告訴我們應該如何在「I3」除存格填入最低評價分數。

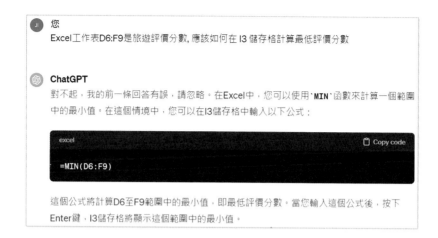

將上述公式複製到 I3 儲存格，可以得到下列結果。

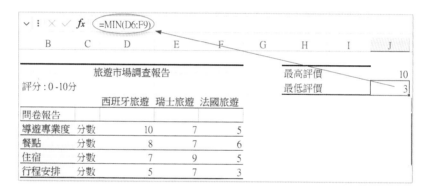

上述執行結果存入 ch6_2.xlsx。

6-8-2　銷售排序

有一個百貨公司銷售報表如下：

	A	B	C	D	E
1					
2		百貨公司產品銷售報表			
3		產品編號	名稱	銷售數量	排名
4		A001	香水	56	
5		A003	口紅	72	
6		B004	皮鞋	27	
7		C001	襯衫	32	
8		C003	西裝褲	41	
9		D002	領帶	50	

上述需要計算每一種商品的銷售排名，下列是詢問 ChatGPT 的結果。

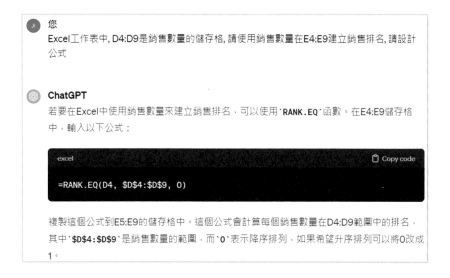

若是將上述公式複製到 E4 儲存格，然後將 E4 儲存格的公式複製到 E5:E9 儲存格，可以得到下列結果。

E4	∨ : × ✓ fx	=RANK.EQ(D4, D4, D9, 0)

	A	B	C	D	E	F
1						
2		百貨公司產品銷售報表				
3		產品編號	名稱	銷售數量	排名	
4		A001	香水	56	2	
5		A003	口紅	72	1	
6		B004	皮鞋	27	6	
7		C001	襯衫	32	5	
8		C003	西裝褲	41	4	
9		D002	領帶	50	3	

上述執行結果儲存到 ch6_4.xlsx。

6-8-3　了解 Excel 特定函數的用法

使用 Excel 期間，可以隨時讓 ChatGPT 告訴我們特定函數的用法。

您

請說明Excel內VLOOKUP( )函數的用法

ChatGPT

`VLOOKUP` 函數是 Excel 中一個用來垂直查找表格資料的強大函數。這個函數通常用於在一個範圍（通常是一個表格）中查找指定的值，然後返回值所在行的指定列的數值。

以下是 `VLOOKUP` 函數的一般語法：

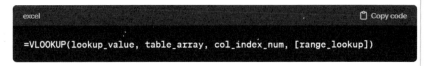

```excel
=VLOOKUP(lookup_value, table_array, col_index_num, [range_lookup])
```

- `lookup_value`：欲查找的值。
- `table_array`：包含要查找的資料的表格範圍。
- `col_index_num`：欲返回的值所在列的相對位置（從 `table_array` 的第一列開始計算）。

- `range_lookup`：[選用] - 用於指定查找的方式。如果為 `TRUE`（或省略），則執行模糊查找；如果為 `FALSE`，則執行精確查找。

以下是一個示例：

假設有一個表格範圍 A1:B5，其中 A 列是產品名稱，B 列是對應的價格。如果我們想要查找產品 "Apple" 的價格，可以使用以下公式：

```excel
=VLOOKUP("Apple", A1:B5, 2, FALSE)
```

這將在 A1:B5 範圍中查找 "Apple"，找到後返回該行的第 2 列（價格列）的值。如果找不到 "Apple"，函數將返回錯誤值。

第 7 章

Chrome 線上商店與 ChatGPT 插件

閱讀了前面 6 個章節，相信讀者已經知道 ChatGPT 3.5 已經很好用了，然而仍有一些不足，因此一些軟體公司針對不足功能部分，開發了插件程式 (plugins)(也有人翻譯為「外掛」) 輔助 ChatGPT，讓我們可以更便利使用 ChatGPT。這些插件會放到 Chrome 線上商店，我們可以在此搜尋與下載。

7-1　ChatGPT for Google – 回應網頁搜尋

這是一個 Google Chrome 瀏覽器擴充功能的應用程式，可以在使用 Google 搜尋時，讓 ChatGPT 可以同步回應你的搜尋，同時在瀏覽器的右邊欄位顯示，主要是免開新的網頁就可以和 ChatGPT 聊天。

7-1-1　安裝 ChatGPT for Google

請點選 Chrome 右上方的圖示 ⋮，然後執行擴充功能，請點選前往 Chrome 線上應用程式商店。然後請搜尋 chatgpt for google，可以看到下列應用程式。

請點選 ✿ 圖示，將看到下列畫面。

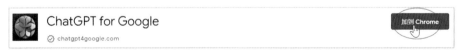

請點選加到 Chrome，可以看到要新增 ChatGPT for Google 嗎？請點選新增擴充功能鈕，上述就算安裝完成 ChatGPT for Google 了，安裝完成後視窗下方有一些設定可以先不必理會，使用預設即可。

註　本節所述方法適合未來其他插件程式。

7-1-2　開啟與使用 ChatGPT for Google

安裝完成後此功能是關閉的，必須開啟，請點選 Chrome 瀏覽器右上方的 🔲 圖示，然後選擇 ChatGPT for Google。

啟動 ChatGPT for Google 可以得到下列畫面。

讀者可以輸入訊息，就可以得到回應。

7-1-3　搜尋深智數位

當我們用 Chrome 在 Google 內搜尋時，GhatGPT for Google 也會自動打開，ChatGPT 會自動回應搜尋內容的訊息。

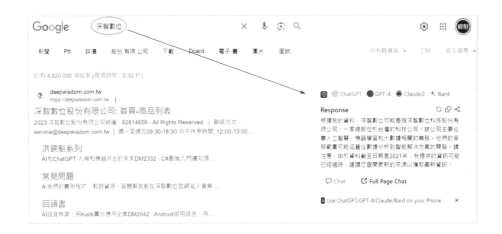

7-1-4　刪除插件

請點選 Chrome 瀏覽器右上方的 图示，然後選擇 ChatGPT for Google 右邊的圖示 ，再執行從 Chrome 中移除。

註　這一節的說明可以適用在本章其他插件程式。

7-2　WebChatGPT – 網頁搜尋

這是一個 ChatGPT 擴充功能的應用程式，ChatGPT 無法執行搜尋，這個功能主要是讓 Google 搜尋，然後由 ChatGPT 將結果彙整。

7-2-1　安裝 WebChatGPT

請參考 7-1-1 進入 Chrome 線上應用程式商店，然後選擇 WebChatGPT，可以得到下列結果。

請參考上圖點選 WebChatGPT，然後可以看到下列畫面。

請參考上方滑鼠游標，點選加到 Chrome，會出現要新增 WebChatGPT:ChatGPT 具備互聯網訪問功能？請點選新增擴充功能。然後就可以在 ChatGPT 環境輸入框下方看到 Web access 的訊息。

7-2-2　使用與關閉 WebChatGPT

2022 年 1 月以後的資料 ChatGPT 是不知道的，筆者輸入 2023 年杭州亞運球賽冠軍，可以得到下列結果。

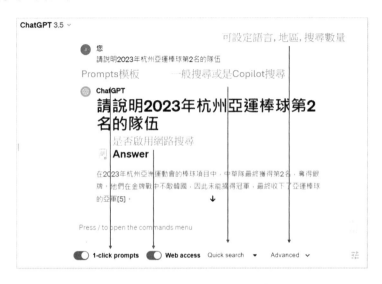

上述畫面左下方有 Web access 開關，如果我們是使用 2022 年 1 月以前的資料。可以關閉上述功能，如果是使用 2021 年以後的資料可以開啟 Web access 功能。上述畫面往下捲動可以看到搜尋參考來源。

7-3　Voice Control for ChatGPT – 口說與聽力

Voice Control for ChatGPT 是語音輸入與回應的應用程式，也就是可以接受語音輸入，ChatGPT 回應時除了文字回應，也會用語音回應。除了方便輸入，許多時候也可以讓我們練習不同語言的發音和聽力。註：如果讀者要做發音練習，或是聽力練習，這是非常好的工具。

7-3-1　安裝 Voice Control for ChatGPT

請讀者參考 7-1-1 節，到 Chrome 網路商店搜尋此擴充的插件程式。

7-3-2　語言選擇

預設語言是 English(US)，讀者也可以選擇其他語言，可以參考下圖。

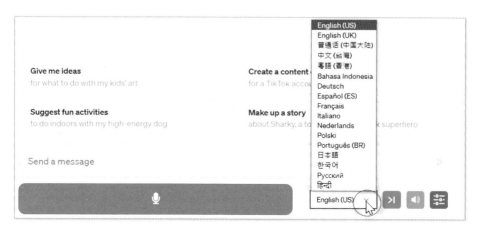

7-3-3　英語模式

正常畫面如下。

要進行輸入時,請將滑鼠游標移到麥克風圖示的輸入區。

此時輸入長條變紅色,這表示可以用語音輸入了,筆者說「Good Morning」。

輸入完成,按一下,可以將輸入傳入 ChatGPT,然後可以得到 ChatGPT 的文字與語音回應。

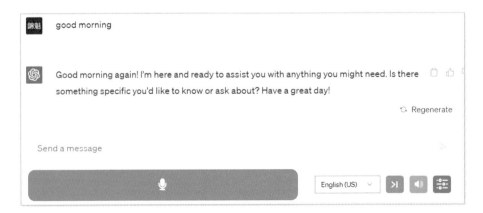

7-4　ChatGPT Writer – 回覆訊息與代寫電子郵件

這是讓 ChatGPT 幫你寫信和回信的功能。

7-4-1　安裝 ChatGPT Writer

請讀者參考 7-1-1 節，到 Chrome 網路商店搜尋此擴充的插件程式。

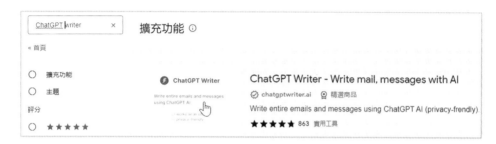

7-4-2　回覆訊息

　　安裝完成後此功能是關閉的，必須開啟，請點選 Chrome 瀏覽器右上方的 🧩 圖示，然後選擇 ChatGPT Writer，可以參考下方左圖，然後就可以看到下方右圖啟動 ChatGPT Writer 了。

寫資料

假設筆者輸入「請公告員工旅遊注意事項」。

　　請按 Generate Response 鈕，可以得到產生 Response generated 欄位，此欄位有 ChatGPT 生成的訊息結果。

　　按 Copy Response & Close 鈕，可以複製生成的資料，然後讀者可以貼到電子郵件，下列是示範輸出 (只顯示部分內容)。

重要通知：員工旅遊注意事項

親愛的同仁，

大家好！我們即將展開一段令人期待的員工旅遊之旅，為了確保大家的安全和愉快，特別提醒以下注意事項，請務必遵守：

1. **個人健康狀況：** 在旅行前，請自我評估身體狀況，如有感冒、發燒、咳嗽等症狀，請務必及時告知主管及旅遊領隊。

讀者需知道，上述雖然是在 ChatGPT Writer 環境執行，其實相當於在 ChatGPT 介面產生了下列畫面。

錦魁　請公告員工旅遊注意事:

重要通知：員工旅遊注意事項

親愛的同仁，

大家好！我們即將展開一段令人期待的員工旅遊之旅，為了確保大家的安全和愉快，特別提醒以下注意事項，請務必遵守：

1. **個人健康狀況：** 在旅行前，請自我評估身體狀況，如有感冒、發燒、咳嗽等症狀，請務必及時告知主管及旅遊領隊。
2. **保持個人衛生：** 隨時保持手部衛生，勤洗手，使用洗手液或消毒酒精。咳嗽或打噴嚏時，請用紙巾或手肘遮住口鼻。
3. **佩戴口罩：** 根據當地防疫要求，請務必佩戴口罩，特別是在人群密集的地方。
4. **保持社交距離：** 在人群中保持適當的社交距離，避免近距離接觸。
5. **飲食衛生：** 選擇可靠的餐廳或食品攤位，確保食物煮熟，避免生食。
6. **安全交通：** 在交通工具上，請緊緊抓住扶手，站立時保持平衡，注意安全。

7-4-3　讓 ChatGPT 協助發信

請進入 Gmail，然後點選撰寫。

可以產生新的 Email，如下所示：

請點選下方的 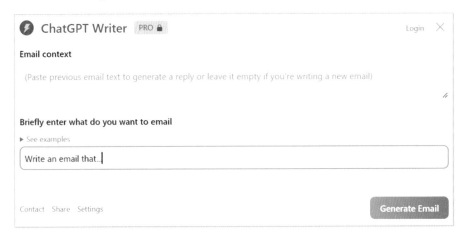 圖示。

可以看到 ChatGPT Writer，請在 Briefly enter what do you want to email 欄位，輸入信件主題，如下所示：

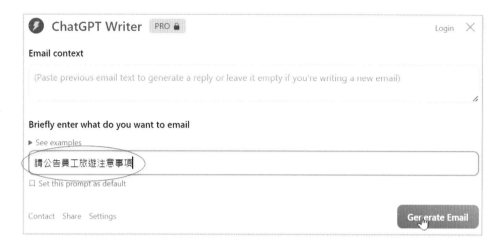

輸入完成請按 Generate Email 鈕，可以得到下列結果。

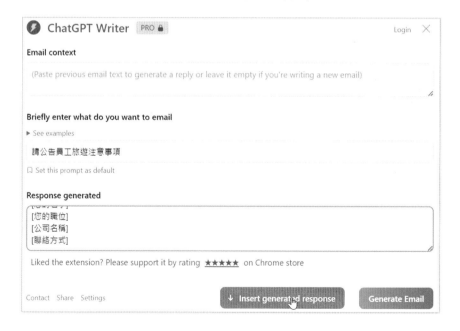

註　也可能產生英文信件內容，這時請按 Generate Email 鈕。

這時就可以在 ChatGPT Writer 框的 Response generated 欄位產生信件內容，請點選 Insert generated response 鈕，就可以將 Response generated 欄位的信件插入我的 Gmail，如下所示：

建議讀者要檢查郵件內容。

7-4-4　讓 ChatGPT 回覆信件

請在 Gmail 內，點選要回覆的信件，如下所示：

上述請點選回覆鈕，可以看到下列信件。

請點選 ⚡ 圖示。

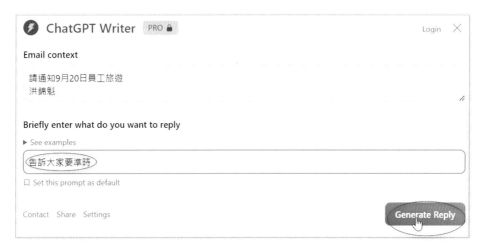

上述請在 Briefly enter what do you want to reply 欄位，回應內容主體，然後按 Generate Reply 鈕。

這時會產生信件主體，請按 Insert generated response 鈕，可以將 ChatGPT 的回應插入信件，如下所示：

建議要檢查一下 ChatGPT 所回應的內容，如果沒有問題再寄出此郵件。

第 8 章

ChatGPT 輔助 Python 程式設計

許多資訊科系的學生夢想是可以到一流的公司擔任軟體工程師，網路流傳 ChatGPT 若是去應徵 Google 工程師，已經可以錄取初級工程師，這一節筆者將用實例了解 ChatGPT 的程式設計能力。

ChatGPT 的程式設計能力，經過會話交流讓筆者驚嘆！下列是詢問目前全球最熱門的一種程式語言。當然讀者可以用同樣的語法請 ChatGPT 列出多個程式語言。

> **您**
> 如果只能選一樣，請告訴我目前最重要的程式語言
>
> **ChatGPT**
> 選擇最重要的程式語言取決於您的具體需求和專業領域。然而，截至我知識截止日期2022年，如果只能選擇一種程式語言，很多人會認為 **Python** 是一個不錯的選擇。
>
> Python 在多個領域都有廣泛的應用，包括：
>
> 1. **數據科學和機器學習**：Python擁有豐富的數據科學和機器學習庫，如NumPy、Pandas、Scikit-learn、TensorFlow和PyTorch，使其成為數據分析和機器學習領域的首選語言。
> 2. **網頁開發**：Django和Flask等框架使Python成為網頁應用程式開發的強大工具。
> 3. **自動化腳本**：Python易於學習和閱讀，因此常被用於自動化任務和腳本編寫。
> 4. **科學計算**：在科學研究領域中，Python也被廣泛使用，支援科學計算和實驗數據分析。
> 5. **人工智慧**：Python在人工智慧和深度學習領域中的庫和框架的支援下，使其成為相當受歡迎的選擇。
>
> ↓

8-1　語言模型和程式設計的交集

❑　**ChatGPT 語言模型的基本概念**

語言模型是一種人工智慧技術，專門用於理解和生成自然語言本文。這些模型是以大量的數據進行訓練為基礎，以學習語言的結構和語意。

❑　**程式設計的核心**

程式設計是一種創造性的過程，涉及使用程式語言來解決問題或實現特定功能。儘管這看似與自然語言無關，但實際上，程式設計也需要一種「語言」來表達邏輯和指令。

❑　**交集的出現**

傳統上，語言模型和程式設計被視為兩個相對獨立的領域。然而，隨著語言模型

的進步，這兩個領域開始出現交集。以下是一些主要的交集點：

1. 程式碼生成：先進的語言模型如 ChatGPT 能夠生成程式語言的程式碼，這不僅可以加速開發過程，還可以作為一種創新的解決方案生成工具。

2. 程式碼檢查：語言模型可以用於自動審查程式碼，識別出可能的錯誤或不良實作。

3. 自然語言查詢：開發者可以使用自然語言查詢來獲取片段程式碼或解決方案，而不需要進行繁瑣的搜索。

4. 文檔生成：自動生成程式碼註解或用戶手冊，減少手動文案撰寫的需求。

❏ 結論

語言模型和程式設計的這種交集開啟了一個全新的可能性空間，它允許我們以更高效、更智慧的方式進行軟體開發。隨著技術的不斷發展，我們可以預見這種交集將帶來更多創新和機會。

8-2 ChatGPT 輔助學習 Python 的應用方法

在使用 ChatGPT 輔助學習 Python，我們可以針對學習的需求詢問，下列是讓 ChatGPT 告訴我們可以協助的方法。

> **您**
> 請告訴我，你可以如何協助我學習Python程式
>
> **ChatGPT**
> 我可以提供多種方式來協助您學習Python程式：
>
> 1. **教學和指導**：我可以解釋Python的基礎概念、語法和常見的程式設計原則。如果您有特定的問題或主題，我也可以提供相關的解釋和指導。
> 2. **編碼實例**：如果您希望看到實際的編碼範例，我可以提供Python的程式碼示例，以便您更好地理解如何應用各種概念。
> 3. **項目指導**：如果您正在進行特定的專案，我可以提供指導，協助您解決問題、優化程式碼，並提供最佳實踐建議。
> 4. **學習資源推薦**：我可以向您推薦適合不同程度的學習者的線上資源、教材和課程，以協助您更深入地學習Python。
> 5. **問答和解答**：如果您有任何關於Python的問題，請隨時向我提問。我會盡力提供清晰且詳細的解答。
> ↓

8-2-1　變數的用法

> 您
> 請說明Python變數的用法

> ChatGPT
> 在Python中，變數是用來存儲和表示數據的名稱。每個變數都有一個名稱和一個相應的值。以下是Python中變數的基本用法：
>
> **變數的宣告和賦值**
>
> 在Python中，您可以使用等號（=）將一個值賦予一個變數。這也被稱為變數的宣告。

```python
# 變數宣告和賦值
age = 25
name = "John"
height = 1.75
is_student = True
```

在上面的例子中，我們創建了四個變數：`age`、`name`、`height`和`is_student`，並分別賦予它們不同的值，分別是一個整數、一個字符串、一個浮點數和一個布林值。

變數的名稱規則

- 變數名稱可以包含字母、數字和底線，但不能以數字開頭。
- 變數名稱區分大小寫，例如，`age`和`Age`是不同的變數。
- 避免使用Python的保留字（如`if`、`else`、`while`等）作為變數名稱。

變數的使用

在後續的程式中，您可以使用變數來執行各種操作，例如進行計算、輸出或傳遞給函數。

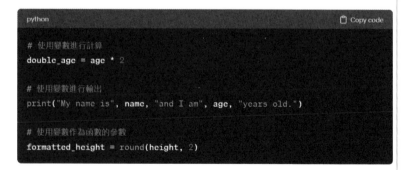

```python
# 使用變數進行計算
double_age = age * 2

# 使用變數進行輸出
print("My name is", name, "and I am", age, "years old.")

# 使用變數作為函數的參數
formatted_height = round(height, 2)
```

在這個例子中，我們使用了變數`age`、`name`和`height`進行一些基本的計算、輸出和函數調用。

↓

> 總的來說，變數在Python中是非常靈活且易於使用的，它們允許您以有意義的名稱存儲和
> 操縱數據。

我們也可以要求 ChatGPT 將上述程式片段，整合成一個程式，方便學習。

> **您**
> 請將上述片段Python整合成一個程式

> **ChatGPT**
> 當然，以下是將上述片段整合成一個簡單的Python程式的例子：

```python
1  # ch8_1.py
2  # 變數宣告和賦值
3  age = 25
4  name = "John"
5  height = 1.75
6  is_student = True
7
8  # 使用變數進行計算
9  double_age = age * 2
10
11 # 使用變數進行輸出
12 print("My name is", name, "and I am", age, "years old.")
13
14 # 使用變數作為函數的參數
15 formatted_height = round(height, 2)
16
17 # 輸出計算結果和格式化後的身高
18 print("Double age:", double_age)
19 print("Formatted height:", formatted_height)
```

執行結果

```
===================== RESTART: D:/AI_free/ch8/ch8_1.py =====================
My name is John and I am 25 years old.
Double age: 50
Formatted height: 1.75
```

上述第一列的名稱 ch8_1.py 和左邊列號是筆者增加的，可方便讀者閱讀。

8-2-2 輔助說明函數的用法

> **您**
> 請用實例說明函數的用法

> **ChatGPT**
> 好的，讓我通過一個簡單的實例來說明Python中函數的用法。
>
> 假設我們想要實現一個簡單的計算器，能夠執行加法和乘法操作。我們可以使用函數來組織
> 和重用相關的程式碼。以下是一個例子：

```
1   # ch8_2.py
2   # 定義一個加法函數
3   def add(x, y):
4       result = x + y
5       return result
6
7   # 定義一個乘法函數
8   def multiply(x, y):
9       result = x * y
10      return result
11
12  # 主程序
13  if __name__ == "__main__":
14      # 使用加法函數
15      sum_result = add(3, 5)
16      print("Sum:", sum_result)
17
18      # 使用乘法函數
19      product_result = multiply(4, 6)
20      print("Product:", product_result)
```

執行結果

```
===================== RESTART: D:/AI_free/ch8/ch8_2.py =====================
Sum: 8
Product: 24
```

> 在這個例子中，我們定義了兩個函數：`add`和`multiply`。這兩個函數都接受兩個參數，
> 執行相應的操作，並返回結果。然後，在主程序中，我們使用這兩個函數來進行加法和乘法
> 的操作，並輸出結果。

如果讀者不懂第 13 列「if __name__ == "__main__"」，可以詢問 ChatGPT。

您

請解釋上面「if __name__ ... 」的用法

ChatGPT

`if __name__ == "__main__":` 是Python中常見的語法，用於判斷模組是直接運行還是
被引入其他模組中時的行為。讓我來詳細解釋這個用法的意義和作用：

1. `__name__` 的作用：
   - 在Python中，`__name__` 是一個特殊的變數，用於表示模組的名稱。
   - 當Python解釋器執行一個模組時，解釋器會為該模組自動賦予 `__name__` 屬性，並賦
     予不同的值，具體取決於模組的運行方式。

2. `if __name__ == "__main__":` 的意義：
- 當Python解釋器執行一個腳本時，它會將該腳本的 `__name__` 設置為 `"__main__"`。
- `if __name__ == "__main__":` 是一個條件判斷，它用於檢查模組是否被直接運行。
- 如果模組是直接運行的（即作為主程序運行），`__name__` 的值將會是 `"__main__"`，條件成立，後續的程式碼將被執行。
- 如果模組是被引入到其他模組中，`__name__` 的值將會是該模組的名稱，條件不成立，後續的程式碼將被忽略。

這個語法的主要優勢在於它允許您在一個模組中定義一些初始化或測試的程式碼，但是只有當這個模組作為主程序直接運行時才會 ↓ 這些程式碼，而在被引入其他模組時不會執行。這樣能保證模組的可重用性和清晰性，同時方便調試和測試模組的功能。

其實讀者若仍是無法了解，可以要求省略「if __name__ == "__main__"」，重新設計上述程式。

8-3 專案題目協助與修正錯誤

8-3-1 題目協助

我們可以描述問題，讓 ChatGPT 專案協助設計此程式。

 您
請設計程式, 可以分別讀取2個數字, 然後輸出2個數字的和

 ChatGPT
當然, 你可以使用任何你喜歡的程式語言。以下是一個簡單的Python範例：

```
1  # ch8_3.py
2  # 讀取兩個數字輸入
3  num1 = float(input("請輸入第一個數字: "))
4  num2 = float(input("請輸入第二個數字: "))
5
6  # 計算兩數之和
7  sum_result = num1 + num2
8
9  # 輸出結果
10 print(f"{num1} 和 {num2} 的和為 {sum_result}")
```

執行結果

```
========================= RESTART: D:/AI_free/ch8/ch8_3.py =========================
請輸入第一個數字: 6
請輸入第二個數字: 5.5
6.0 和 5.5 的和為 11.5

========================= RESTART: D:/AI_free/ch8/ch8_3.py =========================
請輸入第一個數字: 9
請輸入第二個數字: E
Traceback (most recent call last):
  File "D:/AI_free/ch8/ch8_3.py", line 4, in <module>
    num2 = float(input("請輸入第二個數字: "))
ValueError: could not convert string to float: 'E'
```

> 這個程式首先使用 `input` 函數讓使用者輸入兩個數字，然後將輸入轉換成浮點數型別，接
> 著計算兩個數字的和，最後使用 `print` 函數輸出結果。請注意，這只是一個簡單的範例，
> 實際上根據你的需求，程式可能需要更多的功能或錯誤處理。

上述程式如果輸入 2 個數值，程式可以正常執行，可是如果輸入錯誤，例如：輸入「E」，程式會有錯誤。

8-3-2　ChatGPT 協助修訂錯誤

我們可以將程式錯誤訊息複製，然後當作輸入，讓 ChatGPT 協助我們修訂錯誤。

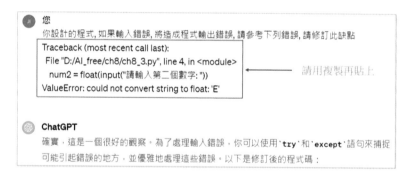

1　# ch8_4.py
```python
# ch8_4.py
try:
    # 讀取第一個數字輸入
    num1 = float(input("請輸入第一個數字: "))

    # 讀取第二個數字輸入
    num2 = float(input("請輸入第二個數字: "))

    # 計算兩數之和
    sum_result = num1 + num2

    # 輸出結果
    print(f"{num1} 和 {num2} 的和為 {sum_result}")

except ValueError as e:
    print(f"錯誤：輸入無效，請確保輸入的是數字。詳細信息: {e}")
```

執行結果

```
===================== RESTART: D:/AI_free/ch8/ch8_4.py =====================
請輸入第一個數字: 6
請輸入第二個數字: 5.5
6.0 和 5.5 的和為 11.5
===================== RESTART: D:/AI_free/ch8/ch8_4.py =====================
請輸入第一個數字: 9
請輸入第二個數字: E
錯誤: 輸入無效,請確保輸入的是數字。詳細信息: could not convert string to float:
'E'
```

在這個修訂後的程式碼中,使用 `try` 和 `except` 來捕捉可能的 `ValueError`。如果輸入無法轉換為浮點數,程式將捕捉到這個錯誤,然後輸出相應的錯誤訊息。這樣可以提高程式的容錯性。

8-4　閱讀程式與增加註解

8-4-1　ChatGPT 具有閱讀程式與修正錯誤的能力

有一個程式 ch8_5.py,內容如下:

```
1  # ch8_5.py
2  def division(x, y):
3      return x / y
4
5  print(division(10, 2))
6  print(division(5, 0))
7  print(division(6, 3))
```

執行結果

```
===================== RESTART: D:\AI_free\ch8\ch8_5.py =====================
5.0
Traceback (most recent call last):
  File "D:\AI_free\ch8\ch8_5.py", line 6, in <module>
    print(division(5, 0))
  File "D:\AI_free\ch8\ch8_5.py", line 3, in division
    return x / y
ZeroDivisionError: division by zero
```

下列是將此程式當作輸入,同時 ChatGPT 回應的結果。

您

請說明下列程式的功能，以及問題點

```
# ch8_5.py
def division(x, y):
    return x / y

print(division(10, 2))
print(division(5, 0))
print(division(6, 3))
```

ChatGPT

這個程式的功能是定義一個名為 `division` 的函數，該函數接受兩個參數 `x` 和 `y`，然後返回 `x / y` 的結果。接著，程式使用這個函數進行三次呼叫，分別輸出了三個除法運算的結果。

```python
# ch8_5.py
def division(x, y):
    return x / y

print(division(10, 2))      # 輸出：5.0
print(division(5, 0))       # 這裡會引發 ZeroDivisionError 錯誤
print(division(6, 3))       # 輸出：2.0
```

問題點在於第二次呼叫 `division(5, 0)`。這會引發 `ZeroDivisionError` 錯誤，因為在數學中，除法的分母不能為零。這樣的錯誤可能會中斷程式的執行，除非在程式中添加錯誤處理的機制。

如果你想要在分母為零的情況下也返回一個合適的值，你可以在 `division` 函數中添加錯誤處理的邏輯，例如：

```
 1  # ch8_5_modify.py
 2  def division(x, y):
 3      try:
 4          result = x / y
 5          return result
 6      except ZeroDivisionError:
 7          return "無法執行除法，因為分母為零。"
 8
 9  # 測試函數
10  print(division(10, 2))      # 輸出：5.0
11  print(division(5, 0))       # 輸出：無法執行除法，因為分母為零。
12  print(division(6, 3))       # 輸出：2.0
```

執行結果

```
==================== RESTART: D:/AI_free/ch8/ch8_5_modify.py ====================
5.0
無法執行除法，因為分母為零。
2.0
```

> 這樣，即使遇到分母為零的情況，程式也會正確處理並返回一個適當的錯誤訊息，而不會中斷執行。

從上述執行結果可以看到，ChatGPT 的確可以看得懂程式，同時協助我們修訂了錯誤。

8-4-2　增加程式註解

> 您
> 請為上述程式增加註解

> ChatGPT
> 以下是加上註解的修訂版本：

```
1   # ch8_5_with_comments.py
2
3   # 定義一個除法函數，接受兩個參數 x 和 y，返回 x / y 的結果
4   def division(x, y):
5       try:
6           result = x / y    # 嘗試進行除法運算
7           return result     # 返回結果
8       except ZeroDivisionError:
9           return "無法執行除法，因為分母為零。"   # 處理分母為零的情況，返回錯誤訊息
10
11  # 測試函數
12  print(division(10, 2))   # 輸出：5.0，正常情況下的除法運算
13  print(division(5, 0))    # 輸出：無法執行除法，因為分母為零。錯誤處理情況，避免ZeroDivisionError
14  print(division(6, 3))    # 輸出：2.0，正常情況下的除法運算
```

> 這些註解提供了對程式碼各部分功能的簡要解釋。註解有助於理解程式的邏輯，特別是當其他人閱讀或維護程式碼時。

8-5　重構程式

有時候我們寫的程式效率不好或是可讀性不好，這時可以請求 ChatGPT 協助我們重構程式，重構之後的程式，除了可以增加效率，也可以讓程式更加模組化，未來可以易於理解和維護。同時由 ChatGPT 修改的結果，可以看到矽谷高手的設計風格。有一個程式 ch8_6.py，內容如下：

```
1  # ch8_6.py
2  for i in range(1, 10):
3      for j in range(1, 10):
4          if j <= i:
5              print("aa", end="")
6      print()
```

執行結果

```
==================== RESTART: D:\AI_free\ch8\ch8_6.py ====================
aa
aaaa
aaaaaa
aaaaaaaa
aaaaaaaaaa
aaaaaaaaaaaa
aaaaaaaaaaaaaa
aaaaaaaaaaaaaaaa
aaaaaaaaaaaaaaaaaa
```

下列是要求重構程式的實例。

您
請重構下列程式
# ch8_6.py
for i in range(1, 10):
　for j in range(1, 10):
　　if j <= i:
　　　print("aa", end="")
　print()

ChatGPT
這段程式碼使用了巢狀的迴圈來印出一個特定的圖形，重複印出字串 `"aa"`。我們可以將其重構成更容易閱讀且更簡潔的形式：

```
1  # ch8_6_refactored.py
2  for i in range(1, 10):
3      # 使用乘法運算符號 * 來印出特定次數的 "aa" 字串
4      print("aa" * i)
```

> 這樣的程式碼會產生和原始程式碼相同的輸出，但更為簡潔易讀。透過利用字串乘法來重複印出 "aa" 字串，我們避免了巢狀迴圈和條件判斷的使用。

原先程式使用雙層迴圈處理，ChatGPT 改為使用一個迴圈處理。

8-6 重寫程式

有時候看別人設計的程式,如果程式比較複雜,我們可能一時無法了解程式設計的邏輯,這時可以借助 ChatGPT 幫我們分析與解說程式。甚至我們也可以讓 ChatGPT 協助我們擴充功能。

8-6-1 解說程式同時加上註解

下列 ch8_7.py 是一個八皇后的程式設計。

```python
1   # ch8_7.py
2   class Queens:
3       def __init__(self):
4           self.queens = size * [-1]
5           self.solve(0)
6           for i in range(size):
7               for j in range(size):
8                   if self.queens[i] == j:
9                       print('Q ', end='')
10                  else:
11                      print('. ',end='')
12              print()
13      def is_OK(self, row, col):
14          for i in range(1, row + 1):
15              if (self.queens[row - i] == col
16                  or self.queens[row - i] == col - i
17                  or self.queens[row - i] == col + i):
18                  return False
19          return True
20
21      def solve(self, row):
22          if row == size:
23              return True
24          for col in range(size):
25              self.queens[row] = col
26              if self.is_OK(row, col) and self.solve(row + 1):
27                  return True
28          return False
29
30  size = 8
31  Queens()
```

執行結果
```
===================== RESTART: D:\AI_free\ch8\ch8_7.py =====================
Q . . . . . . .
. . . . Q . . .
. . . . . . . Q
. . . . . Q . .
. . Q . . . . .
. . . . . . Q .
. Q . . . . . .
. . . Q . . . .
```

下列是請求 ChatGPT 閱讀與分析程式的執行過程，同時加上註解。

您

請說明下列程式執行過程, 同時為這個程式增加註解

```python
# ch8_7.py
class Queens:
    def __init__(self):
        self.queens = size * [-1]
        self.solve(0)
        for i in range(size):
            for j in range(size):
                if self.queens[i] == j:
                    print('Q ', end='')
                else:
                    print('. ',end='')
            print()
    def is_OK(self, row, col):
        for i in range(1, row + 1):
            if (self.queens[row - i] == col
                or self.queens[row - i] == col - i
                or self.queens[row - i] == col + i):
```

```python
                return False
        return True

    def solve(self, row):
        if row == size:
            return True
        for col in range(size):
            self.queens[row] = col
            if self.is_OK(row, col) and self.solve(row + 1):
                return True
        return False

size = 8
Queens()
```

ChatGPT

這個程式是用來解決八皇后問題（Eight Queens Problem），目的是在 8x8 的棋盤上放置八個皇后，使得彼此之間無法攻擊（即無兩個皇后在同一行、同一列或同一對角線上）。

以下是這個程式的執行過程解釋，同時帶有註解：

```
1   # ch8_7_chatgpt.py
2
3   class Queens:
4       def __init__(self):
5           self.queens = size * [-1]  # 初始化棋盤，每個皇后的初始位置設為-1
6           self.solve(0)  # 呼叫 solve 函數開始解決八皇后問題
7           for i in range(size):  # 輸出結果的迴圈，將皇后位置用 'Q' 表示，空位用 '.' 表示
8               for j in range(size):
9                   if self.queens[i] == j:
10                      print('Q ', end='')
11                  else:
12                      print('. ', end='')
13              print()
14
15      def is_OK(self, row, col):
16          # 檢查在(row, col)位置放置皇后是否合法，即是否與之前的皇后位置衝突
17          for i in range(1, row + 1):
18              if (self.queens[row - i] == col
19                  or self.queens[row - i] == col - i
20                  or self.queens[row - i] == col + i):
21                  return False  # 若與之前位置衝突，回傳 False
22          return True  # 若合法，回傳 True
23
24      def solve(self, row):
25          if row == size:  # 若已經成功放置了八個皇后，回傳 True
26              return True
27          for col in range(size):
28              self.queens[row] = col  # 嘗試在(row, col)位置放置皇后
29              if self.is_OK(row, col) and self.solve(row + 1):
30                  return True  # 若在這個位置放置皇后後，可以成功解決剩餘的問題，回傳 True
31          return False  # 若在這個位置放置皇后後無法解決問題，回傳 False
32
33  size = 8  # 棋盤大小為 8x8
34  Queens()  # 建立 Queens 類別的實例，開始執行解決八皇后問題的過程
```

> 程式中的 `solve` 函數使用遞迴的方式來嘗試在每一行放置皇后，並檢查是否滿足問題的條件。
> 當成功放置八個皇后時，就會輸出結果。這個程式使用的是簡單的回溯法，逐步嘗試不同的配
> 置，直到找到符合條件的解答。

8-6-2　重寫擴充程式功能

上述八皇后問題只能找到一個解，現在要求 ChatGPT 擴充此程式找出所有 12 個獨立的解。

 您
請改寫上述程式, 可以找出12個獨立的解

ChatGPT
為了找出多個獨立的解，我們可以修改 `Queens` 類別，使其能夠持續尋找不同的解。以下是修改後的程式碼：

```
1   # ch8_7_rewrited.py
2   class Queens:
3       def __init__(self):
4           self.solutions = []    # 儲存所有找到的解
5           self.queens = size * [-1]
6           self.solve(0)
7           self.print_solutions()
8       def is_OK(self, row, col):
9           for i in range(1, row + 1):
10              if (
11                  self.queens[row - i] == col
12                  or self.queens[row - i] == col - i
13                  or self.queens[row - i] == col + i
14              ):
15                  return False
16          return True
17      def solve(self, row):
18          if row == size:
19              self.solutions.append(self.queens[:])    # 找到一個解後，將其複製並存儲
20              return
21
22          for col in range(size):
23              self.queens[row] = col
24              if self.is_OK(row, col):
25                  self.solve(row + 1)
26      def print_solutions(self):
27          count = 0
28          for solution in self.solutions[:12]:    # 僅輸出前12個解
29              count += 1
30              print(f"Solution {count}:")
31              for i in range(size):
32                  for j in range(size):
33                      if solution[i] == j:
34                          print('Q ', end='')
35                      else:
36                          print('. ', end='')
37                  print()
38              print()
39
40  size = 8
41  Queens()
```

執行結果　下列只列出部分結果。

```
================== RESTART: D:/AI_free/ch8/ch8_7_rewrited.py ==================
Solution 1:
Q . . . . . . .
. . . Q . . . .
. . . . . . . Q
. . . . . Q . .
. . Q . . . . .
. Q . . . . . .
. Q . . . . . .
. . Q . . . . .

Solution 2:
Q . . . . . . .
. . . . . . Q .
. . . . Q . . .
. . . . . . . Q
. Q . . . . . .
. . . Q . . . .
. Q . . . . . .
. . Q . . . . .

Solution 3:
```

> 這個修改後的程式碼將找到的解存儲在 `self.solutions` 列表中，並在找到 12 個獨立解後，
> 輸出這些解。這樣你就可以看到前 12 個不同的解。

8-7 程式除錯 (Debug)

　　程式除錯分為語法錯誤和語意錯誤，我們也可以借助 ChatGPT 協助分析。此外，我們也可以將編譯的錯誤訊息提供給 ChatGPT，讓他分析同時提出解決的方法。

8-7-1 分析語法錯誤

　　有一個程式 ch8_8.py 功能是列出串列 scores[ ] 的前 5 名成績，此程式內容如下：

```python
1  # ch8_8.py
2  scores = [94, 82, 60, 91, 88, 79, 61, 93, 99, 77]
3  scores.sort(reverse = True)          # 從大到小排列
4  count = 0
5  for sc in scores
6      count += 1
7      print(sc, end=" ")
8      if count == 5                     # 取前5名成績
9          break                         # 離開for迴圈
```

下列是請求 ChatGPT 除錯此程式。

> 您
> 請Debug下列程式
> # ch8_8.py
> scores = [94, 82, 60, 91, 88, 79, 61, 93, 99, 77]
> scores.sort(reverse = True)　　# 從大到小排列
> count = 0
> for sc in scores
> 　　count += 1
> 　　print(sc, end=" ")
> 　　if count == 5　　　# 取前5名成績
> 　　　break　　　　# 離開for迴圈

> **ChatGPT**
> 這個程式碼有一個小錯誤，`for` 迴圈的迭代語句缺少冒號 `:`。以下是修正後的程式碼：

```
1  # ch8_8_debug.py
2  scores = [94, 82, 60, 91, 88, 79, 61, 93, 99, 77]
3  scores.sort(reverse=True)  # 從大到小排列
4  count = 0
5  for sc in scores:  # 加上冒號
6      count += 1
7      print(sc, end=" ")
8      if count == 5:  # 加上冒號
9          break  # 離開 for 迴圈
```

執行結果

```
=================== RESTART: D:/AI_free/ch8/ch8_8_debug.py ===================
99 94 93 91 88
```

> 這樣修改後應該就能正確執行了。請注意在 `for` 迴圈中的每個迭代語句都應該以冒號結尾。

8-7-2　分析錯誤訊息

ChatGPT 也可以從錯誤訊息分析程式，然後找出錯誤。有一個程式 ch8_9.py，功能是要輸出 0 ~ 9 的費氏數列 (Fibonacci)，內容如下：

```
1  # ch8_9.py
2  fib = []
3  n = 9
4  fib.append(0)
5  fib.append(1)
6  for i in range(2,n+1):
7      f = fib[i] + fib[i-1]
8      fib.append(f)
9  for i in range(n+1):
10     print(fib[i], end=', ')
```

執行結果
```
====================== RESTART: D:\AI_free\ch8\ch8_9.py ======================
Traceback (most recent call last):
  File "D:\AI_free\ch8\ch8_9.py", line 7, in <module>
    f = fib[i] + fib[i-1]
IndexError: list index out of range
```

下列是將上述錯誤訊息給 ChatGPT 分析的過程和執行結果。

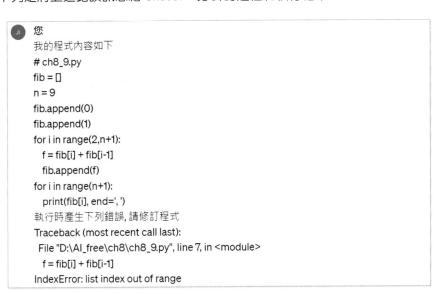

您
我的程式內容如下
# ch8_9.py
fib = []
n = 9
fib.append(0)
fib.append(1)
for i in range(2,n+1):
   f = fib[i] + fib[i-1]
   fib.append(f)
for i in range(n+1):
   print(fib[i], end=', ')
執行時產生下列錯誤，請修訂程式
Traceback (most recent call last):
 File "D:\AI_free\ch8\ch8_9.py", line 7, in <module>
  f = fib[i] + fib[i-1]
IndexError: list index out of range

ChatGPT
這個錯誤是由於在計算 `f = fib[i] + fib[i-1]` 的時候，`fib` 列表的長度不足 `i+1`，導致索引超出範圍。為了修正這個問題，我們需要確保在計算 `f` 的時候已經有足夠的元素存在。

以下是修正後的程式碼：

```python
fib = []
n = 9
fib.append(0)
fib.append(1)

# 確保 fib 列表中至少有 n+1 個元素
for i in range(2, n+1):
    fib.append(0)

for i in range(2, n+1):
    fib[i] = fib[i-1] + fib[i-2]

for i in range(n+1):
    print(fib[i], end=', ')
```

這樣修改後，我們在計算 `f` 前先確保 ↓ `列表中有足夠的元素，避免超出範圍的問題。

您

你可以簡化設計嗎

ChatGPT

當然，我們可以簡化程式碼以避免超出範圍的問題，這裡使用一個迴圈計算斐波那契數列的值並輸出：

...

這個版本中，我們初始化了前兩個斐波那契數字（0 和 1），然後使用迴圈計算後續的數字。最後使用 `join` 方法將列表中的數字串接成一個字串並輸出。

‹ 2 / 2

您

請修改程式為直接輸出串列

ChatGPT

這裡是修改後的程式碼，直接輸出斐波那契數列的列表：

```
1  # ch8_9_rewrited.py
2  n = 9
3  fib = [0, 1]
4
5  for i in range(2, n+1):
6      fib.append(fib[i-1] + fib[i-2])
7
8  print(fib)
```

執行結果
```
==================== RESTART: D:/AI_free/ch8/ch8_9_rewrited.py ====================
[0, 1, 1, 2, 3, 5, 8, 13, 21, 34]
```

這個版本在計算完斐波那契數列後，直接使用 `print(fib)` 將列表輸出。

　　從上述可以看到，ChatGPT 不僅指出錯誤，同時用程式實例講解正確的用法。同樣是輸出 0 ~ 9 的費氏數列，從上述筆者也學會了矽谷工程師的程式邏輯思維。

註　在台灣 Python 的 list 是稱串列，大陸稱列表。

8-7-3　分析語意錯誤

　　設計程式時，常會發生語意的錯誤，例如：程式實例 ch8_10.py 是要輸出 1 ~ 10 之間的偶數，結果程式語意錯，輸出奇數同時輸出了 11，如下所示：

```
1  # ch8_10.py
2  index = 0
3  while index <= 10:
4      index += 1
5      if index % 2:
6          print(index)
```

執行結果
```
==================== RESTART: D:\AI_free\ch8\ch8_10.py ====================
1
3
5
7
9
11
```

　　下列是讓 ChatGPT 協助我們修正程式錯誤。

您

下列程式是要輸出1~10之間的偶數, 可是輸出奇數, 請修正此程式

ch8_10.py

index = 0

while index <= 10:

　index += 1

　if index % 2:

　　print(index)

 ChatGPT

這個程式碼的問題在於 `if index % 2:` 中的條件, 這會導致程式印出奇數。應該修改為 `if index % 2 == 0:` 來確保只印出偶數。

以下是修正後的程式碼:

```
1  # ch8_10_revised.py
2  index = 0
3  while index <= 10:
4      index += 1
5      if index % 2 == 0:  # 修正條件
6          print(index)
```

執行結果

```
================== RESTART: D:/AI_free/ch8/ch8_10_revised.py ==================
2
4
6
8
10
```

這樣修改後, 程式應該能夠正確印出1到10之間的偶數。

第 9 章
安全理念的 AI - Claude

江湖傳說，Anthropic 的創辦人和 OpenAI 主要團隊在大型模型的安全性功能處理上，理念不一致，造成集體出走，同時創立了 Anthropic。AI 語言模型稱 Claude，目前最新版是 Claude 3，版本仍在持續更新中。這個 AI 語言模型更強調的是安全性和無害性，產生冒犯性或危險性的輸出的可能性大大降低。

因此 Anthropic 公司網頁也指出，公司目標是開發大規模的人工智慧系統，同時研究它們的安全特性。依此理念建立更安全、可控制、更可靠的模型 Claude，這也是被視為 ChatGPT 最強勁的競爭產品。

使用前與大部分 AI 軟體一樣需要註冊，筆者不再重複敘述。

9-1　Claude 3 的特色

9-1-1　Claude 3 相較於 Claude 2 的特色

Claude 3 是 Anthropic AI 於 2024 年 5 月推出的最新大型語言模型 (Large Language Model, LLM)，它是 Claude 2 的繼任者。Claude 3 在多方面都進行了改進，包括：

- 性能：Claude 3 在廣泛的認知任務中表現出最先進的性能，包括問答、自然語言推理和摘要。

- 能力：Claude 3 可以生成不同類型的創意文字格式，例如詩詞、程式碼、腳本、音樂作品、電子郵件、信件等，並以豐富訊息的方式回答您的問題，即使它們是開放式的、具有挑戰性的或奇怪的。Claude 2 的能力較弱，無法生成多種創意文字格式，也無法回答開放式、具有挑戰性或奇怪的問題。

- 效率：Claude 3 的執行速度比 Claude 2 快 2 倍，並且需要更少的計算資源，這使其成為價格敏感的應用程序和計算資源有限的設備的理想選擇。

以下是一些 Claude 3 相較於 Claude 2 的具體改進說明：

- 在問答任務中，Claude 3 的準確率比 Claude 2 高出 20%。
- 在自然語言推理任務中，Claude 3 的準確率比 Claude 2 高出 30%。
- 在摘要任務中，Claude 3 生成摘要的質量比 Claude 2 高出 50%。
- Claude 3 可以生成不同類型的創意文字格式，例如詩詞、程式碼、腳本、音樂作品、電子郵件、信件等，而 Claude 2 無法做到這一點。

- Claude 3 可以用豐富的方式回答開放式、具有挑戰性或奇怪的問題，而 Claude 2 無法做到這一點。

總體而言，Claude 3 是一款功能強大、用途廣泛的 LLM，它代表了大型語言模型技術的重大進步。如果您正在尋找一款性能強大、功能豐富且易於使用的 LLM，那麼 Claude 3 是值得考慮的選擇。

以下是一些 Claude 3 的潛在應用：

- 研究：Claude 3 可用於從事各種研究工作，例如科學發現、歷史研究和文學分析。
- 教育：Claude 3 可用於創建個性化的學習體驗，例如提供定制的教學和即時反饋。
- 娛樂：Claude 3 可用於創建引人入勝的娛樂體驗，例如生成虛擬現實世界或編寫交互式故事。
- 商業：Claude 3 可用於提高業務效率，例如生成行銷材料或提供客戶支援。

9-1-2　免費版的 Claude 3 相較於 ChatGPT 的特色

Claude 3 新版推出，主要是增加下列功能，目前已經吸引了許多消費者關愛的眼神。以下是 Claude 3 相較於 ChatGPT 3.5 的一些特色：

- 性能：在廣泛的認知任務中，Claude 3 的表現優於 ChatGPT 3.5，包括問答、自然語言推理和摘要。
- 能力：Claude 3 可以生成不同類型的創意文字格式，例如詩詞、程式碼、腳本、音樂作品、電子郵件、信件等，並以豐富訊息的方式回答您的問題，即使它們是開放式的、具有挑戰性的或奇怪的。ChatGPT 3.5 的能力較弱，無法生成多種創意文字格式，也無法回答開放式、具有挑戰性或奇怪的問題。
- 通用性：Claude 3 可應用於各種任務，包括編寫不同類型的創意內容、翻譯語言和以信息豐富的方式回答您的問題。ChatGPT 3.5 的通用性較弱，主要用於聊天和生成創意文字格式。
- 效率：Claude 3 的運行速度比 ChatGPT 3.5，並且需要更少的計算資源。這使其成為價格敏感的應用程序和計算資源有限的設備的理想選擇。

- 道德和安全方：Claude 3 在此方面進行了特別設計，以避免有害或誤導性的輸出。ChatGPT 3.5 沒有針對這些方面的明確設計。
- 文件上傳和分析：Claude 3 支持文件上傳，特別是 CSV、TXT、圖片格式。這一功能允許用戶獲得文件的摘要和詳細分析，滿足從學術研究到商業分析的廣泛需求。

筆者測試 Claude 3 的首次印象極為正面，是 AI 聊天機器人領域，一個非常正面的產品，人們未來可以對此產品和應用充滿期待。

總之，Claude 3 在 AI 聊天機器人創新領域開啟了一個新時代，標誌著相較於其前身的重大進步。其處理和理解大量訊息的能力，超過了其他聊天機器人。這一改進本身就使 Claude 3 成為行業的開拓者，重塑了聊天機器人處理大規模數據的方式。除此，Claude 3 還帶來了在回應準確度方面的顯著提升。這一改進至關重要，因為它解決了 AI 開發中的核心挑戰之一，「聊天機器人提供的訊息的可靠性」。透過減少錯誤或捏造訊息的比率。

9-2　Claude 聊天環境

進入 Claude 聊天環境後，視窗畫面如下：

上述示範是英文輸入，不過我們也可以執行中文輸入。特別需要留意的是，Claude 接受檔案輸入，可以點選 📎 鈕，執行檔案輸入，輸入限制可以參考上述圖說。

9-2-1　第一次與 Claude 的聊天

第一次輸入的聊天內容，會被轉成適度的聊天主題，例如：筆者第一次輸入「你好」。

妳好

Claude 3 Sonnet ←——— Sonnet是免費Claude 3的AI語言模型名稱

按一下 ▶ 鈕，可以得到下列結果。

從上述可以看到第一次的聊天「字句與回應」，聊天主題被調整為「Friendly AI Assistant Introduction」，點選 ∨ 圖示可以選擇 Rename 或是 Delete 功能。

9-2-2　Claude 的功能

讓 Claude 告訴我們他的功能。

作為一個人工智能助理,我的主要功能包括:

1. 問答和知識查詢 - 我擁有廣泛的知識儲備,可以回答有關歷史、科學、文化、新聞時事等各個領域的問題。
2. 分析和研究 - 我可以針對各種問題進行深入分析和研究,提供客觀中肯的見解。
3. 寫作輔助 - 無論是撰寫文章、報告、演講稿,還是creative writing等,我都可以提供幫助,包括構思創意、行文組織和潤色修改等。
4. 編程和技術支持 - 我精通多種編程語言,可以解答編程問題,審查代碼,甚至協助開發專案。
5. 數學運算 - 我擅長各種數學計算和證明,可以解答從基礎到高階的數學問題。
6. 學習和教學輔助 - 我可以根據用戶需求,提供個性化的學習資源和練習,幫助學習和複習知識。
7. 日程管理和任務規劃 - 我可以協助安排行程、制定計劃、跟進待辦事項等。

總的來說,我是一個多才多藝的助手,願意為您提供各種幫助,讓日常生活和工作更加順利高效。
如果你有任何其他需求,歡迎隨時詢問。

從上述可以看到 Claude 有了我們熟悉的 AI 聊天功能,例如:問答和知識、分析和研究、寫作輔助、編程和技術支持、數學運算、學習和教學輔助、日程管理和任務規劃。同時也解說了可以問 Claude 數學問題,下列是筆者詢問應該如何問你數學問題。

洪　我想請你解數學問題, 應該如何給你資料

很高興為您解答數學問題。提供問題資料的最佳方式是直接將問題文字內容複製粘貼到我們的對話框中。例如:

```
問題: 解下列方程式
3x^2 + 2x - 5 = 0
```
Copy code

這樣我就能直接看到問題的描述,並為您求解。

如果問題中有圖片或數學公式,也可以直接將圖片上傳到對話中,我能夠查看並分析圖片內容。

或者,如果是手寫筆記,可以先將其拍照,然後將照片上傳到對話框。我會運用圖像識別技術來讀取手寫內容。

總之,只要能夠以文字或圖片形式在對話框中提供問題資訊,我就能為您高效解答。請放心將問題資料傳送過來,我會盡全力為您解答。

從上述回答筆者可以確定，如果簡單的問題可以直接輸入公式，或是給數學公式的圖片檔案。

9-2-3　更改聊天主題

將滑鼠游標移到聊天主題，按一下 ⌄ 圖示，可以選擇 Rename(更改聊天主題) 或是 Delete(刪除聊天主題)。

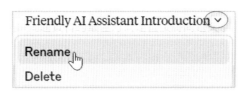

下列是筆者將聊天主題「Friendly AI Assistant Introduction」更改為「我的 Claude 體驗」的過程。

上述按 Save 鈕後，可以得到下列結果。

9-2-4　開啟聊天主題功能表和啟動新的聊天

左上方的 🅰 圖示可以開啟聊天主題功能表 (Open menu)，➕ 圖示可以開啟新的聊天 (Start new chat)。

Open menu ⟶ 🅰 ➕ ⟵ Start new chat

上述開啟新聊天，可以看到下列未命名聊天主題 (Untitled)。

上述執行開啟聊天主題功能表，可以在原先聊天下方，看到先前的聊天主題。

Previous chats from 今天

Untitled

我的Claude體驗

9-3　創意寫作

洪　請用繁體中文創作一篇300個字的小說，敘述馬里亞納海溝探險的故事

在這片深不見底的海域之中，一座巨大的潛水艇正緩緩前行。這裡就是馬里亞納海溝，地球上最深的海淵。

艙內，一群勇敢的科學家正準備好下潛的一切。他們渾身充滿熱忱和期待，希望能在這個未知的領域裡發現新奇的生物種類。

"準備就緒!"隨著船長的一聲令下，潛水艇開始下潛。透過窗口，黯黑的海水像一層厚重的帷幕般將外界的世界徹底遮蔽。大家屏氣凝神，專注地注視著面前的儀器數據。

隨著下潛的深度不斷增加，周圍的壓力也與日俱增。所有人都能感受到重重的壓迫感。突然間，探照燈照亮了一片奇異的景象 - 一種從未見過的軟體動物正在海底緩緩游動!

"快看!那是什麼?"有人激動地喊出聲來。科學家們紛紛拿起相機，全神貫注地觀察著那生物的一舉一動。

就在這時,潛水艇發出了劇烈的顫動,顯然是進入了一股強勁的海底暖流之中。所有人不由自主地緊張起來,擔心會失去控制。在船長的英明指揮下,潛水艇很快就穩住了航向。

大家長舒了一口氣,對著剛才錄下的珍貴影像露出欣喜的笑容。這個冒險之旅雖然充滿未知和驚心動魄,卻也結出了甜美的果實。

Copy ⟳ Retry 👍 👎

9-4 Claude 的 AI 視覺

9-4-1 上傳圖檔生成中國詩句

本書籍實例的 ch9 資料夾有 poetry.png 圖檔,請參考下圖點選 📎 圖示先上傳此圖檔,再輸入「請為你看到的圖像作一首七言絕句詩」。

請按 ↑ 圖示,可以得到下列結果。

洪 請為你看到的圖像作一首七言絕句詩

濛濛煙霞拂雲端,
幽鳥遠巔翼自盤。
古柏參天根底深,
寂寂湖心永鏡現。

Copy ⟳ Retry 👍 👎

從 Claude 所創作的七言絕句，可以確定 Claude 是具有閱讀圖像能力，同時也有很強的文學創作能力。下列是請 Claude 創作五言絕句的實例：

其實 ChatGPT 在創作五言絕句時，常常會出差錯，Claude 一次就成功了，難怪 Claude 可以獲得非常好的評價。

9-4-2　處理數學問題

本書 ch9 資料夾內含 equation.png 聯立方程式問題，然後讓 Claude 解此數學問題。

$$a + b = 1$$
$$5a + b = 2$$

🔘 請解所看到圖像的數學問題

這是一個關於兩個未知數a和b的聯立線性方程組:

$a + b = 1$

$5a + b = 2$

我們可以使用代入消去法或加減消去法來求解這個聯立方程組。

加減消去法:
將第一個方程兩邊同乘以5,得到:

$5a + 5b = 5$

減去第二個方程: $5a + 5b = 5 - (5a + b = 2)$

$4b = 3$

$b = 3/4$

代入任一方程求解a:

$a + 3/4 = 1$

$a = 1/4$

因此,聯立方程組的解為:

$a = 1/4$

$b = 3/4$

我們可以將這個解代回原方程組中進行驗證,結果應該滿足等式關係。

註 筆者嘗試用比較複雜的數學問題,Claude 3 就會出差錯。

9-5　讀取與摘要 PDF 文件

我們可以輸入 PDF 文件讓 Claude 摘要內容,此書 ch9 資料夾有「Python 行銷文案 .pdf」可以供讀者參考,筆者輸入「請用 100 個字摘要 pdf 文件內容」,如下:

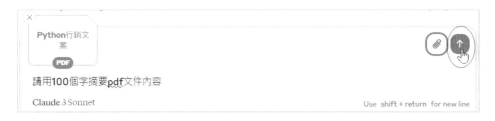

請按 ↑ 圖示,可以得到下列分析結果。

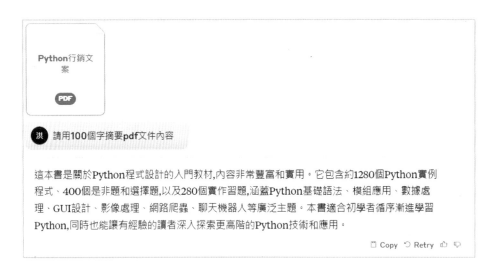

如果點選上述 PDF 文件，可以在視窗右邊顯示此 PDF 文件內容。

9-6　多檔案的 PDF 文件測試

Claude 最多可以輸入 5 個文件做測試，ch9 資料夾有「機器學習行銷文案 .pdf」和「Python 行銷文案 .pdf」，下列是筆者分別上傳，同時輸入「請比較這 2 個 pdf 檔案的內容」的畫面。

按 ↑ 圖示，可以得到下列分析結果。

根據這兩個PDF文件的內容描述,我可以總結出一些主要差異:

1. Python入門實作書籍的內容:

• 涵蓋廣泛的Python語法知識,約1280個程式實例

• 介紹18大類Python的應用,如數據分析、影像處理等

• 包含約680道習題練習

2. 機器學習入門書籍的內容:

• 介紹機器學習所需的基礎數學、統計知識

• 解說多種機器學習演算法原理,如迴歸、決策樹等

• 約416個Python實例,使用真實數據做專題實作

• 涵蓋特徵選擇、過度擬合、模型評估等相關概念

• 最後一章介紹語音辨識的AI應用

主要差異在於:

1. Python入門書著重語法知識、應用範疇和練習題目

2. 機器學習書則著重基礎數學原理、各種演算法的介紹和實作案例

換句話說,Python入門書適合想全面學習Python語言的讀者,而機器學習則是為了讓讀者了解機器學習的理論基礎和實作技巧而編寫。兩本書的知識有所重疊,但側重點不盡相同。

9-7 機器學習資料分析

機器學習領域有一個著名的糖尿病數據 (diabetes.csv)，本書 ch9 資料夾有此檔案，我們可以上傳，詢問 Claude 是否知道此檔案，如下所示：

按 ▶ 圖示，可以得到下列分析結果。

這個檔案看起來是一個名為 diabetes.csv 的逗號分隔值(CSV)檔案,裡面包含一些關於糖尿病患者的數據。

第一行是欄位名稱,包括:

- Pregnancies (懷孕次數)
- Glucose (葡萄糖濃度)
- BloodPressure (血壓)
- SkinThickness (皮膚厚度)
- Insulin (胰島素)
- BMI (身體質量指數)
- DiabetesPedigreeFunction (遺傳函數)
- Age (年齡)
- Outcome (是否患有糖尿病, 0為否, 1為是)

從第二行開始每一行代表一個糖尿病患者的各項數據,共有多筆記錄。這些數據可以用於機器學習模型訓練,預測是否會罹患糖尿病等分析。

第 10 章

整合 Google 資源的 AI 模型 – Gemini

Google Gemini 是由 Google 開發的一款聊天機器人，一般簡稱 Gemini，目的在與 OpenAI 公司的 ChatGPT 等其他先進的 AI 聊天機器人競爭。2023 年 3 月第一次發表，稱 Google Bard，2024 年 2 月正式改名 Google Gemini，同時也不斷地在進步中。

10-1　Gemini 的主要特色

筆者使用 Gemini 後，可以得到下列主要特色：

● 訪問網站：Gemini 是 Google 開發的 AI 聊天機器人，網站搜尋功能已經內建在 Gemini，如果碰上太新的議題，超出資料庫時間範圍，會主動訪問網站回覆使用者，所以號稱資料庫功能是即時的。

● Google 資源整合到聊天應用：筆者詢問「請問如何到台北車站」，Gemini 會應用 Google 資源了解筆者位置，然後指示路線。

請問如何到台北車站

您現在在在士林區，要前往台北車站，可以搭乘捷運、公車、或計程車。

搭乘捷運

- 搭乘捷運淡水線、板南線、或新店線至台北車站。
- 淡水線的終點站是台北車站，板南線和新店線的轉乘站是台北車站。
- 從台北車站捷運站出站後，可以直接抵達台北車站大廳。

搭乘公車

- 搭乘以下路線的公車即可到達台北車站：
  - 37、5、2、237、304、222、295、604、648、信義幹線、信義幹線(副線)

● 中文朗誦與回覆：我們可以語音輸入，同時讓 Gemini 語音回覆生成的結果。

● 應用 Google 文件整合 Gemini 回應：Gemini 可以自動應用 Google 文件，將文字資料用 Word 格式輸出，試算表資料用 Excel 格式輸出。

● Gemini 與 Gmail 整合：Gemini 輸出可以整合到 Gmail 郵件。

10-2　登入 Gemini

Gemini 是由 Google 開發的聊天機器人，我們可以使用 Gmail 登入，請開啟瀏覽器進入下列 Gemini 的中文網址：

https://gemini.google.com/?hl=zh-TW

上述點選登入，可以看到系列註冊過程，就可以進入 Gemini 的頁面。

10-3　Gemini 的聊天環境

進入 Gemini 聊天環境後，視窗畫面如下：

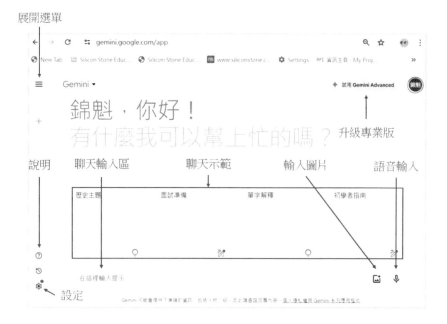

10-3-1　第一次與 Gemini 的聊天

下列是筆者第一次的輸入：

註 上述若是想輸入多列，可以同時按 Shift + Enter 增加新的列。

按提交 ▷ 圖示後，可以得到下列結果。

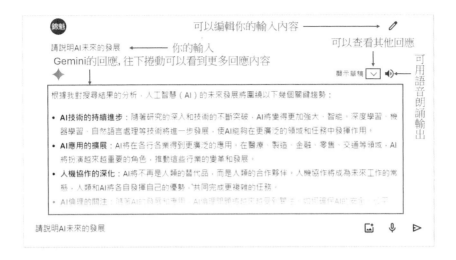

筆者感覺 Gemini 的回應速度非常的快，坦白說超過 ChatGPT，如果點選 🔊 圖示，可以語音朗誦 Gemini 的輸出。

10-3-2　Gemini 回應的圖示

在每個 Gemini 回應下方可以看到下列圖示：

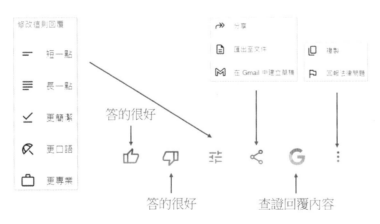

上述 菲 圖示可以指示修改回覆方式，這時可以選擇回應內容「短一點」、「長一點」、「更簡潔」、「更口語」、「更專業」。 G 圖示可以用 Google 搜尋查證回覆內容的品質與正確性，查證結果會用醒目提示表達更多說明，可以參考 10-3-3 節。

上述 ⋮ 圖示可以有下列功能：

- 複製：可以複製 Gemini 的回答。
- 回報法律問題：如果感覺回答觸犯法律問題，可以由此功能回報 Google 公司。

有關分享與匯出 ⓧ 圖示，將在 10-5 節說明。

10-3-3　查證回覆內容

當點選 Ⓖ 圖示，查證 Gemini 的回應後，如果有問題的部分會用醒目提示標記，不同顏色醒目提示的說明如下：

10-3-4　查看其他草稿

Gemini 會針對每個問題回應 3 種草稿，相當於我們一次與 3 種機器人對話，然後選擇最好的答案。點選查看其他草稿圖示，可以看到 3 個 Gemini 回應的草稿，如下所示：

上圖有 3 個重要圖示：

- ∨圖示：顯示草稿右邊是此圖示時，表示點選可以展開其他草稿。
- ∧圖示：隱藏草稿右邊是此圖示時，表示點選可以關閉其他草稿。
- ↻圖示：點選可以讓 Gemini 重新產生回應草稿。

10-3-5　啟動新的聊天

將滑鼠游標移到視窗左上方的 + 圖示，可以重啟聊天主題。

10-3-6　認識主選單與聊天主題

Gemini 不主動顯示聊天主題列表，必須按展開選單 ☰ 圖示，才顯示聊天主題。

選單展開後，此 ☰ 圖示變成收合選單功能，可以關閉選單。

10-3-7　更改聊天主題

將滑鼠游標移到聊天主題，可以看到 ⋮ 圖示。

按一下此圖示，可以開啟下列功能表：

● 釘選：若是選擇釘選，會詢問是否重新命名聊天主題。

● 重新命名：可以更改聊天主題。

● 刪除：可以刪除聊天主題。

10-3-8　釘選聊天主題

如果有釘選的主題會額外在聊天主題上方顯示，通常我們可以針對重要的，必須常常參考的主題釘選，例如：可以將「台灣著名公司口號」的聊天主題釘選，下列是示範過程。

下列是結果。

10-4　語音輸入

第一次語音輸入，Gemini 會徵求我們同意使用麥克風，如下所示：

此時請按允許鈕，未來再點選麥克風 🎤 圖示，可以在輸入區看到「聽取中」的字串，表示可以開始使用語音輸入了。

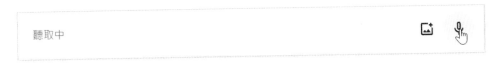

10-5　Gemini 回應的分享與匯出

本節是繼續 10-3-2 節的主題，可以參考下圖。

10-5-1　分享

分享功能可以選擇這個提示和回覆或是整個對話內容分享，內容會變成一個頁面，可以建立此頁面的公開連結。點選分享後，可以看到下列畫面。

上述點選建立公開連結鈕後，可以看到下列畫面。

讀者可以複製此連結，然後透過社交軟體傳送給指定的對象。

10-5-2　匯出至文件

Gemini 也可以將文件匯出，請點選匯出至文件，可以看到下列畫面。

請點選開啟文件，此時會啟動 Google 文件開啟。

　　這個檔案是在雲端，讀者可以更改檔案名稱，也可以執行檔案 / 下載 /Microsoft Word(.docx) 指令下載。

上述執行後可以在硬碟的下載區看到此檔案。

10-5-3　在 Gmail 建立草稿

點選在 Gmail 建立草稿，可以看到下列畫面。

點選開啟 Gmail 後，可以開啟 Gmail 然後生成的內容複製到郵件內。

請在收件者欄位輸入郵件收件人的地址，然後按左下方的傳送鈕，就可以將郵件傳送出去。

10-6　閱讀網址內容生成摘要報告

早期可以自由閱讀各新聞網站，但是 2023 年 12 月 27 日紐約時報開了第一槍，控告 OpenAI 公司侵權，衍生訴訟，所以不論是 ChatGPT 或是 Gemini 已經不回應閱讀網站生成中文內容了。

10-6-1　閱讀 Youtube 網站產生中文摘要

我們可以給予 Gemini 相關的 Youtube 網址內容，然後要求摘要報告，下列是部分輸出。

請說明下列網址內容
https://www.youtube.com/watch?v=ZD57Fv_V74s

YouTube ∨

這部音樂錄影帶是林憶蓮 (Sandy Lam) 的歌曲《為你我受冷風吹》(Suffer for you)。這首歌講述了一個心碎而孤獨的女人。

歌詞描述了女人悲傷和孤獨的感覺。她覺得沒有人關心她，她最好還是獨自一人。儘管很痛苦，但她還是試圖繼續前進，忘記過去。

以下是影片中的一些歌詞：

為你我受冷風吹
為你我心碎
為你我獨上高樓
為你我飲下孤獨的酒

...

10-6-2　閱讀中文網站生成摘要

下列是閱讀深智公司網址的部分內容說明。

 請說明下列網址內容
https://deepwisdom.com.tw

顯示草稿 ∨

深智數位股份有限公司是一家位於台灣台北市的教育科技公司，致力於提供高品質的資訊科技專業認證教材和課程。他們與多家國際認證機構合作，例如微軟、思科、Oracle、Linux Foundation 等，並擁有經驗豐富的講師團隊。

深智數位的教材涵蓋了廣泛的資訊科技領域，包括作業系統、數位生活、概論/科技趨勢、程式設計/APP開發、洪錦魁系列、網頁開發設計、資料庫/大數據等。他們還提供飲食保健、心理勵志、生活風格等類別的書籍。

深智數位的服務包括：

- 銷售 SSE 認證教材
- 提供最新書單(圖書目錄)下載

...

10-6-3　生成表格式的報告

我們也可以指定 Gemini 生成表格式的報告，可以參考下列實例。

當生成表格資料後，表格下方有匯出到試算表超連結，可以將表格匯到 Google 的試算表，請點選匯出到試算表，可以看到下列畫面。

點選開啟試算表，可以用 Google 試算表開啟，如下所示：

上述讀者可以<u>更改檔案名稱</u>或是<u>工作表名稱</u>，此外，也可以執行<u>檔案 / 下載</u>，然後選擇下載的檔案格式下載此工作表。

10-7　生成圖片

早期 Gemini 也具有生成圖片的能力，但是相較於知名的 AI 圖片生成軟體，所生成的圖片解析度比較弱，效果也比較差。目前 Gemini 正在處理改進中，由於 AI 軟體持續進步中，下列是筆者在 2024 年 5 月 16 日的描述，以及所獲得的結果。

也許讀者購買本書時，已經可以用 Gemini 生成圖片了。

10-8　AI 視覺

10-8-1　圖片測試

　　Gemini 具有 AI 視覺功能，我們可以輸入圖片，然後詢問問題讓 Gemini 回答。首先請點選上傳圖片的 📷 圖示可以看到開啟對話方塊，請點選 ch10 資料夾的 skytower.jpg，按開啟鈕，圖片會出現在輸入框，請輸入「請告訴我這是哪裡」。

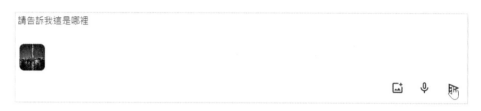

　　請按提交 ▷ 圖示，可以得到下列完全正確的結果。

　　上述回答是正確的，但是使用英文回答。筆者要求使用繁體中文回答，可以得到下列結果。

10-8-2 數學能力

9-4-2 節的聯立方程式圖片，Gemini 也可以處理，不過是使用英文回答。

...

Now that we know a, we can substitute it back into the expression we solved for b to get:

```
b=1-\frac{1}{4}
b=\frac{3}{4}
```

Therefore, the solution to the system of equations is $a = \frac{1}{4}$ and $b = \frac{3}{4}$.

Answer

The solution to the system of equations is $a = \frac{1}{4}$ and $b = \frac{3}{4}$.

I hope this helps! Let me know if you have any other questions.

第 11 章

最全方位的 AI 模型 - Copilot

2023 年年初 Microsoft 公司發表聊天機器人時，稱此為 Bing Chat AI，2024 年年初已經改名為 Microsoft Copilot，也稱 Copilot GPT 或 Copilot。目前 Copilot 有 2 個版本：

● Copilot：類似 ChatGPT 3.5，有時候也稱 Windows Copilot，這是免費版，這也是本節的內容。

● Copilot Pro：類似 ChatGPT Turbo，每個月 20 美金，同時可以應用在 Microsoft Office 365 中解鎖使用 Copilot。

11-1　Copilot 的功能

Copilot 的功能如下：

● 可以在搜索中直接回答您的問題，無論是關於事實、定義、計算、翻譯還是其他主題。

● 可以在側邊欄內與您對話，並根據您正在查看的網頁內容提供相關的搜索和答案。

● 可以使用生成式 AI 技術為您創造各種有趣和有用的內容，例如詩歌、故事、程式碼、歌詞、名人模仿等。

● 可以使用視覺特徵來幫助您創建和編輯圖形藝術作品，例如繪畫、漫畫、圖表等。

● 可以幫助您匯總和引用各種類型的文檔，包括 PDF、Word 文檔和較長的網站內容，讓您更輕鬆地在線使用密集內容。

是一個強大而多功能的聊天機器人，它可以幫助您在搜索和 Microsoft Edge 中更好地利用 AI 技術，讓您能享受與它交流的樂趣！

11-2　認識 Copilot 聊天環境

11-2-1　Microsoft Edge 進入 Copilot

目前除了 Microsoft Edge 有支援 Copilot 聊天室功能，微軟公司從 2023 年 6 月起也支援其他瀏覽器有此功能，例如：Chrome、Avast Secure Browser 瀏覽器。

　　當讀者購買 Windows 作業系統的電腦，有註冊 Microsoft 帳號，開啟 Edge 瀏覽器後，可以在搜尋欄位看到  圖示，點選後就可以進入 Copilot 聊天環境。

　　下列是點選 Edge 瀏覽器搜尋欄位右邊的 圖示與瀏覽器右上方側邊欄的 圖示，進入 Copilot 的畫面。

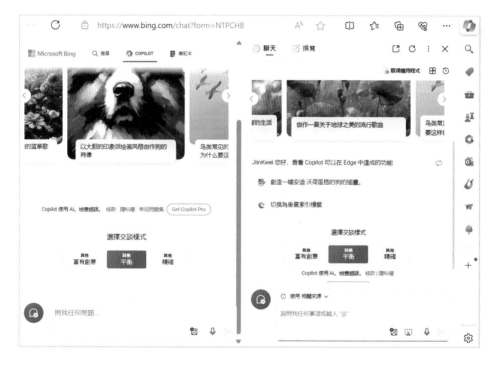

　　上述視窗往下捲動可以看到 Copilot 有三種模式，分別是：

> **註**　在 Windows 環境，也可以同時按鍵盤的「Windows 鍵 + C」(新的電腦鍵盤上也有 Copilot 鍵) 或是點選視窗右下方的 圖示，在螢幕右邊啟動 Copilot。

- 創意模式：Copilot 會提供更多原創、富想像力的答案，適合想要靈感或娛樂的使用者，不同模式會有專屬文字圖示色彩，創意模式色調是紫色。

- 精確模式：Copilot 會提供簡短且直截了當的回覆，適合想要快速或準確的資訊的使用者，不同模式會有專屬文字圖示色彩，精確模式色調是綠色。

- 平衡模式：Copilot 會提供創意度介在前兩者之間的答案，適合想要平衡兩種需求的使用者，不同模式會有專屬文字圖示色彩，平衡模式色調是藍色。

建議開始用 Copilot 時，選擇預設的平衡模式，未來再依照使用狀況自行調整，所以我們也可以說 Microsoft 公司一次提供 3 種聊天機器人，讓我們體驗與 Copilot 對話。

11-2-2　其他瀏覽器進入 Copilot

如果讀者的電腦是 Mac，想體驗 Copilot，就可以用本小節功能進入 Copilot。如果使用其他瀏覽器進入 Copilot，可以先搜尋「Copilot」，如下所示：

請點選 Microsoft Copilot 超連結，可以看到下列畫面。

請點選「試用 Copilot 免費版」，就可以進入 Copilot 環境。

11-2-3　認識聊天介面

假設有一個最初的聊天如下：

上述視窗可以分成下列幾個部分：

❑　聊天 / 外掛

預設是在聊天模式，如果點選外掛程式，可以看到目前 Copilot 的外掛。在聊天模式，預設選項是 Copilot，可以點選下列選項：

- Designer：專業文字生成圖像，11-9-2 節會有實例說明。
- Vocation planner：假期規劃專家。
- Cooking assistant：料理助理。
- Fitness trainer：專業營養健康訓練師。

❑　最近的項目

這是顯示聊天主題最近的項目，受限於頁面大小，所以聊天主題只顯示有限的內容，如果要顯示更多內容可以點選下方「查看所有最近的聊天」，這時可以用含捲軸的框顯示，然後可以捲動看到更多內容。

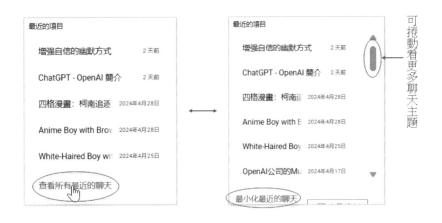

11-2-4　Copilot 聊天方式

　　Copilot 聊天方式和前面章節所述的 AI 聊天機器人相同，下列是筆者的輸入與 Copilot 的輸出。

　　按提交 ▷ 圖示，可以得到下列結果。

11-2-5 聊天主題的編輯功能

點選聊天主題可以在右邊看到編輯功能：

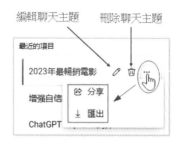

11-2-6 分享聊天主題

這個功能可以將聊天主題的超連結分享，這個功能適合使用簡報人員將主題分享，其他人由超連結可以獲得聊天主題的內容，下列是點選時可以看到的畫面。

從上述知道，可以用複製連結、透過電子郵件分享、也可以用 Facebook、X(早期稱 Twitter)、Pinterest 分享，如果往下捲動可以看到 LinkedIn、Reddit 和 OneNote 分享。

11-2-7　匯出聊天主題

若是點選匯出，可以看到下列畫面。

上圖若是點選 Word 或是 Text，可以選擇用該檔案類型匯出，例如：若是選擇 Word，可以看到自動開啟 Windows 版的 Word 畫面，內含聊天內容。

11-2-8　近一步處理我們的問話

將滑鼠游標指向我們的問話，可以看到進階處理圖示。

- 複製：可以複製我們的輸入。
- 編輯：可以編輯我們的輸入。
- Bing：可以用 Bing 搜尋我們的輸入。

11-2-9　Copilot 回應的處理

Copilot 回應下方可以看到功能圖示，每個圖示的功能如下：

11-3　Copilot 的交談模式 – 平衡 / 創意 / 精確

初次進入 Copilot 環境後，可以看到 3 種交談模式，這一節將分成 3 小節說明 3 種交談模式的應用，同時講解切換方式。實務上我們可以一個主題的對話，用一種交談模式，當切換主題時，如果有需要就切換交談模式。

11-3-1　平衡模式與切換交談模式

每當我們進入系統後，可以看到 Copilot 首頁交談視窗，在這個視窗我們可以選擇交談模式，預設是平衡模式。假設輸入「請給我春節賀詞」：

讀者可以看到平衡模式色調輸入框左邊的文字圖示是藍色。這時可以在左下方看到  圖示，將滑鼠移到此圖示，可以看到變為新主題圖示，如下所示：

上述若是按一下新主題圖示，表示目前主題交談結束，可以進入新主題。

進入新主題後，我們同時也可以選擇新的交談模式。

11-3-2　創意模式

創意模式色調是紫色，下列是筆者輸入「現在月黑風高，請依此情景做一首七言絕句」。

11-3-3　精確模式

精確模式色調是綠色，下列是筆者輸入「第一個登陸月球的人是誰」。

11-4　多模態輸入 - 文字 / 語音 / 圖片

Copilot 預設是鍵盤的文字輸入模式，此外，也有提供了多模態輸入觀念，例如：語音輸入與圖片輸入。

11-4-1　語音輸入

要執行語音輸入，首先要將喇叭打開，Copilot 的輸入區可以看到🎤圖示，可以參考下圖右邊。

點選🎤圖示後可以看到下列畫面，Copilot 表示「我正在聽 …」。

然後讀者可以執行語音輸入，再按一次可以「停止聆聽」。

11-4-2　圖片輸入

上述輸入圖片，讓 Copilot 告訴我們細節或故事，此功能也可以稱「AI 視覺」。在輸入框右下方有🖼圖示，此圖示稱新增影像圖示。

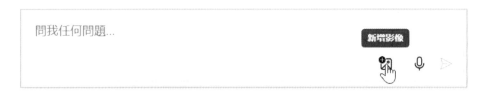

下列是筆者上傳圖片分析的實例，請點選🖼圖示，然後點選從此裝置上傳，然後可以看到開啟對話方塊，請點選 ch11 資料夾的「煙火 .jpg」，請按開啟鈕，可以將此圖片上傳到輸入框。

上方筆者輸入「你可以分析此圖片的內容嗎」，輸入後可以得到下列結果。

11-5　Copilot 聊天的特色

11-5-1　參考連結

Copilot 的聊天資料，如果是參考特定網站，會有參考連結。

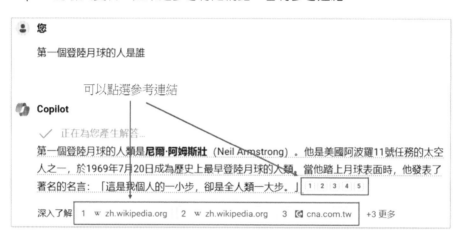

11-5-2　回答不受時間限制

　　免費的 ChatGPT 3.5 回答會有 2022 年 1 月的時間限制，Copilot 則沒有限制，因為 Copilot 可以到網路查詢。

11-5-3　摘要網址內容

我們可以請 Copilot 摘要網址內容。

11-5-4 摘要與翻譯網址內容

我們可以讓 Copilot 在摘要網址內容時,同時翻譯內容,下列是取材自 USA Today 網址內容。

下列是摘要與翻譯內容的結果。

您

請用中文摘要下列網址內容
https://reviewed.usatoday.com/laptops/best-right-now/the-best-32-inch-gaming-monitors?
utm_source=usat&utm_medium=referral&utm_campaign=collab

Copilot

✓　正在為您產生解答...

根據Reviewed，以下是2024年最佳32英寸遊戲顯示器：

1. **Dell Inspiron 14 Plus (2022)**：這款筆記型電腦處於生產力和遊戲之間的交界處，搭載了通常在預算到中階遊戲筆記本中找到的硬體。它在我們的所有基準測試中表現出色，即使與一些我們最喜歡的預算遊戲筆記本相比，它也是一個一致的高性能者。

2. **Acer Swift Go 16 (2023)**：Acer Swift Go 16擁有強大的性能和生動的OLED顯示屏，是幾乎任何人的絕佳選擇。

3. **Asus ROG Strix G18 (2023)**：這款健壯的遊戲筆記本非常適合遊戲和生產力，價格比競爭對手低了幾百美元。

···

11-6　超越 ChatGPT - 圖片搜尋

Copilot 聊天也有搜尋功能，下列是輸入「請搜尋明志科技大學圖片」的執行結果。

請搜尋明志科技大學圖片

✓　正在搜尋: **明志科技大學 圖片**

✓　正在為您產生解答...

這裡有一些明志科技大學的圖片，您可以參考看看: [1] [2]

[1] : https://www.google.com.tw/search?
q=%E6%98%8E%E5%BF%97%E7%A7%91%E6%8A%80%E5%A4%A7%E5%AD%B8&rlz=1C1GCEU_zh-
TWTW821TW821&source=lnms&tbm=isch&sa=X&ved=0ahUKEwiYjJvZ9Jb3AhXJyYsBHaKfDQMQ
_AUIBigB&biw=1366&bih=657 [2] : https://www.mcut.edu.tw/p/406-1000-26243.php?Lang=zh-tw

深入了解: 1. bing.com　2. sport.mcut.edu.tw　3. mcut.edu.tw　+2更多　　　2之30 ●

11-7　聊天生成圖像

Copilot 聊天生成圖像，每次可以產生 4 張 1024x1024 的圖片

11-7-1　語意清晰描述 AI 圖像

文字生成圖像的技術涉及幾個關鍵步驟和技巧，這些可以幫助創造更準確和具有吸引力的圖像。以下是一些基本的技巧和建議：

1. 明確且具體的描述：提供清晰、具體的細節來描述你想要創造的圖像。這包括場景、物體、人物、顏色、光線和氛圍等元素，越具體的描述通常會獲得更準確的結果。

2. 視覺化思考：在構思圖像時，嘗試在你的腦海中視覺化它。想像圖像中的每個元素如何互相作用，這可以幫助你更好地描述你想要的結果。

3. 平衡細節與創意：在描述時，找到提供足夠細節和保留一定創造空間之間的平衡。過於繁瑣的描述可能限制了創造性，而過於模糊的描述則可能導致不準確的結果。

4. 使用比喻和類比：使用比喻和類比可以幫助說明更抽象的概念，使生成的圖像更加豐富和有趣。

5. 適當的複雜度：根據使用的工具和技術的能力，調整描述的複雜度。有些工具和技術對處理複雜場景的能力有限，因此簡化描述可能更有利於獲得清晰的結果。

6. 反覆實驗：不同的描述會產生不同的結果。不要害怕實驗和修改你的描述，以找到最佳的表達方式。

7. 考慮文化和語境因素：圖像生成時應考慮文化背景和語境，這對於確保圖像的相關性和敏感性非常重要。

8. 遵守道德和法律指南：在創建圖像時，重要的是遵守相關的道德和法律指南，特別是與版權、隱私和敏感內容相關的指南。

這些技巧可以幫助你更有效地使用文字生成圖像的技術，創造出符合你想像的圖像，但是還是需要多多嘗試。下列輸入是「請生成加拿大黃刀鎮，冬天晚上，有極光，一位 20 歲的帥哥在戶外喝咖啡」。

> 👤 **您**
>
> 請生成加拿大黃刀鎮，冬天晚上，有極光，一位20歲的帥哥在戶外喝咖啡
>
> ◈ **Copilot**
>
> ✓ 正在為您產生解答…
> 我會試著創作出這個場景。

"加拿大黃刀鎮 冬天 極光 20歲 帥哥 戶外 喝咖啡"

✦ 設計工具　　　　　　　　　　　　　　由 DALL·E 3 提供

11-7-2　修訂影像

影像生成後，我們也可以用互動聊天調整更改影像內容，例如：筆者輸入「請將上述喝咖啡的人改成 15 歲，亞洲人，Hayao Miyazaki 風格」。

> 👤 **您**
>
> 請將上述喝咖啡的人改成15歲，亞洲人，Hayao Miyazaki風格
>
> ◈ **Copilot**
>
> ✓ 正在為您產生解答…
> 我會試著創作出這個場景。

"A 15 year old Asian guy drinking coffee outdoors in Yellowknife, ..."

來自 Designer 的影像建立工具　　　由 DALL·E 3 提供

上述 Hayao Miyazaki 是指宮崎駿，所以我們也可以用「宮崎駿」取代「Hayao Miyazaki」。「Hayao Miyazaki 風格」的 AI 繪圖是指使用人工智慧技術來模仿日本著名動畫導演宮崎駿（Hayao Miyazaki）的獨特藝術風格。宮崎駿是吉卜力工作室（Studio Ghibli）的共同創辦人，以其富有想像力和詩意的動畫電影而聞名，如《龍貓》（My Neighbor Totoro）、《神隱少女》（Spirited Away）和《風之谷》（Nausicaä of the Valley of the Wind）。

在 AI 繪圖中模仿宮崎駿風格通常涉及以下特點：

● 豐富的色彩和細節：宮崎駿的作品以其色彩鮮豔、細節豐富的視覺風格著稱，AI 繪圖會試圖捕捉這種色彩的豐富性和細膩的紋理。

● 夢幻般的元素：宮崎駿的動畫中常常包含夢幻和奇幻元素，如飛行的機器、奇異的生物和神秘的自然景觀，AI 繪圖會嘗試融入這些元素。

● 特有的角色設計：宮崎駿的角色設計獨特，常常具有深刻的情感表達和個性化特徵。AI 繪圖會努力模仿這種風格。

● 敘事風格：宮崎駿的作品不僅在視覺上獨特，還在敘事上具有深度和多層次性。雖然 AI 繪圖主要關注視覺風格，但也可能試圖捕捉這種敘事的精髓。

- 自然和和諧：宮崎駿的許多作品強調與自然的和諧共處，這種主題也可能反映在 AI 創建的藝術作品中。

11-7-3　電磁脈衝影像

可以參考下列實例。

> 👤 **您**
>
> 請繪製「舊金山城市天際線夜景，建築物發出電磁脈衝光，倒映在平靜的水面上。一艘小船在 Golden Gate Bridge 下方水面上緩緩漂流。」

"舊金山城市天際線夜景，建築物發出電磁脈衝光，倒映在平靜的... "

設計工具　　　　　　　　　　　　由 DALL·E 3 提供

11-7-4　AI 影像後處理

當我們設計 AI 影像完成後，一次生成 4 張圖像，可以將滑鼠游標移到任一圖像，按一下滑鼠右鍵開啟功能表，執行另存影像、複製、編輯、新增至集錦等。

執行後可以看到<u>另存新檔</u>對話方塊,請選擇適當的資料夾,預設檔案延伸檔名是 jpeg,然後輸入<u>檔案名稱</u>,再按<u>存檔</u>鈕即可。本書「<u>舊金山.jpeg</u>」,就是此實例的輸出。

11-7-5 其它創作實例

梵谷風格,
海邊加油站的紅色跑車

Aurora當作背景的夜晚, 從
山頂看Schwaz城市全景

Hayao Miyazaki風格, 男孩揹書包,
拿著一本書, 準備上火車

14歲男生, 明亮的眼眸, 宮崎駿風格,
《神隱少女》動畫電影, 森林中散步

11-8　AI 繪圖 - 人物一致

使用 Copilot 繪圖時，可以在描述文字末端增加種子值 (seed)，就可以生成人物一致的效果。下列是設定「seed-100」的應用，特色是用白色背景。

> 👤 **您**
>
> 請繪製「一個15歲的漂亮台灣女孩, 戴眼鏡, 有水汪汪大眼睛, 動漫風格, 白色背景, seed-1000」

"一個15歲的漂亮台灣女孩, 戴眼鏡, 有水汪汪大眼睛, 動漫風格, 白..."

🎨 設計工具　　　　　　　　　　　由 DALL·E 3 提供

❏ 生氣表情

> 👤 **您**
>
> 請繪製「一個15歲的漂亮台灣女孩, 戴眼鏡, 有水汪汪大眼睛, 有生氣的表情, 動漫風格, 白色背景, seed-1000」

"一個15歲的漂亮台灣女孩, 戴眼鏡, 有水汪汪大眼睛, 有生氣的表情,..."

❤ 設計工具　　　　　　　　　　　由 DALL·E 3 提供

❏　開心表情

👤　您

請繪製「一個15歲的漂亮台灣女孩, 戴眼鏡, 有水汪汪大眼睛, 有開心的表情, 動漫風格,
白色背景, seed-1000」

"一個15歲的漂亮台灣女孩, 戴眼鏡, 有水汪汪大眼睛, 有開心的表情,..."

❤ 設計工具　　　　　　　　　　　由 DALL·E 3 提供

❏　背景是日本富士山的傍晚

> 👤 **您**
>
> 請繪製「一個15歲的漂亮台灣女孩, 戴眼鏡, 有水汪汪大眼睛, 有開心的表情, 動漫風格,
> 背景是日本富士山的傍晚, seed-1000」

"一個15歲的漂亮台灣女孩, 戴眼鏡, 有水汪汪大眼睛, 有開心的表情,..."
🎨 設計工具　　　　　　　　　　　　　由 DALL·E 3 提供

11-9　Copilot 與 Designer 繪製 4 格漫畫

11-9-1　Copilot 繪製 4 格漫畫

　　Copilot 也可以生成 4 格漫畫 (four-panel comic strip)，優點是有 4 格漫畫的樣貌，
缺點是無法完整依照文字描述生成內部圖案，下列是中文的實例。

👤 您

請繪製動漫風格的四格漫畫

[左上角] 12歲可愛小男生騎著腳踏車到Super Market 圖裏頭標示 "1"

[右上角] 可愛小男生在Super Market內推著空的手推車 圖裏頭標示 "2"

[左下角] 可愛小男生在Super Market將零食, 可樂放進手推車 圖裏頭標示 "3"

[右下角] 可愛小男生走到Checkout Counter結帳並且對收銀人員說"Check out" 圖裏頭標示 "4"

"four panel comic strip , \n[左上角] 12歲可愛小男生騎著腳踏車到... "

✏️ 設計工具　　　　　　　　　　　　　　　　由 DALL·E 3 提供

下列是將描述翻譯成英文的實例。

👤 您

Please draw a four-panel comic in anime style:

1. [Top Left] A cute 12-year-old boy riding a bicycle to a Super Market. Label the picture with "1".

2. [Top Right] The cute boy pushing an empty shopping cart inside the Super Market. Label the picture with "2".

3. [Bottom Left] The cute boy putting snacks and cola into the shopping cart inside the Super Market. Label the picture with "3".

4. [Bottom Right] The cute boy walking to the checkout counter, saying "Check out" to the cashier. Label the picture with "4".

11-9-2　Designer 繪製 4 格漫畫

除了可以在 Copilot 聊天生成圖片，在視窗右上方若是選擇 Designer，則可以進入專業的繪圖環境，由於是專業繪圖，生成圖像效果更好，使用相同的 Prompt，可以獲得更貼切主題的圖像。

"四格漫畫: [左上角] 12歲可愛小男生騎著腳踏車到Super Market..."

設計工具　　　　　　　　　由 DALL-E 3 提供

11-10　Copilot 加值 – Copilot 側邊欄

　　11-2-1 節筆者有說使用 Edge 瀏覽器時，我們可以按瀏覽器右上方的 圖示，顯示或隱藏 Copilot 側邊欄，下列是產生「Copilot」與「Copilot 側邊欄」的畫面。

請參考上圖，現在 Edge 視窗分成 2 部分。一般我們可以用左邊視窗顯示要瀏覽的網頁內容，右邊則是顯示 Copilot，然後用右邊的 Copilot 視窗摘要左側視窗的內容。

11-10-1　Copilot 功能

Copilot 窗格主要有 2 個功能，可以參考下圖：

● 聊天：這是含有聊天功能的 Copilot，也可以摘要左側瀏覽的新聞，可以參考上面 11-7 節的圖，或是左側瀏覽英文頁面用 Copilot 要求做用摘要。下圖筆者輸入「請摘要左側視窗內容」。

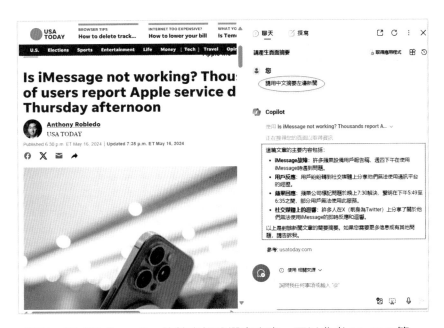

● 撰寫：可以要求 Copilot 依特定格式撰寫文章，可以參考 11-10-2 節。

11-10-2　撰寫

點選「撰寫」標籤，可以看到下列畫面。

上圖各欄位說明如下：

● 題材：這是我們輸入撰寫的題材框。

● 語氣：可以要求 Copilot 回應的語氣，預設是「很專業」。

● 格式：可以設定回應文章的格式，預設是「段落」。

● 長度：可以設定回應文章的長度，預設是「中」。

● 產生草稿：可以生成文章內容。

● 預覽：未來回應文章內容區。

筆者輸入「請說服我帶員工去布拉格旅遊」，按產生草稿鈕，可以得到下列結果。

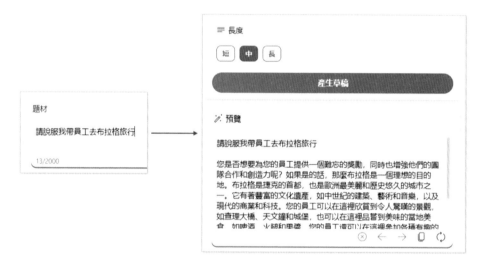

下列是筆者選擇格式「部落格文章」和長度「短」，再按產生草稿鈕，得到不一樣的文章內容結果，下方有新增至網站，如果左側有開啟 Word 網頁版，可以按下方「新增至網站」鈕，將產生的文章貼到左邊網路版的 Word。

Copilot 窗格上方有 C 圖示。

這是稱 Reload 圖示,點選可以清除內容,重新撰寫內容。

11-11　Copilot 視覺

11-4-2 節筆者說明了圖片輸入,讓 Copilot 分析圖片內容,其實這就是 Copilot 的 AI 視覺功能。這一節將做更多測試,結果可以發現 Copilot 可以正確解讀圖像內容。

11-11-1　辨識運動圖片

筆者輸入「請告訴我這張圖片的內容」,這題圖片是 ch11 資料夾的 girls_football. png。

您

請告訴我這張圖片的內容

Copilot

✓ 正在分析影像：系統可能會模糊臉部，以保護隱私權

✓ 正在為您產生解答...

這張圖片描繪了一群足球選手在足球場上活動。選手們的臉部被像素化遮蔽，無法識別。焦點在前景中的一名球員身上，他似乎正在踢足球。光線表明可能是清晨或傍晚，草地上投下了長長的陰影。這張圖片可能與運動、團隊活動、運動員的匿名性或足球作為一項運動的動力學有關。

如果您有其他問題，歡迎隨時詢問！

11-11-2　圖像生成七言絕句

筆者輸入「請為你看到的圖像做一首七言絕句」，這張圖片是 ch11 資料夾的 fisher.png。

您

請為你看到的圖像做一首七言絕句

Copilot

✓ 正在分析影像：系統可能會模糊臉部，以保護隱私權

✓ 正在為您產生解答...

在湖畔靜坐垂釣竿，
 波光漣漪映遠舟。
 晨曦或黃昏，影長，
 寂寞與平和共一丘。

11-12　Copilot App – 手機也能用 Copilot

11-12-1　Copilot App 下載與安裝

Copilot 目前也有 App，讀者可以搜尋，如下方左圖：

安裝後，可以看到 Copilot 圖示，可以參考上方右圖，第 1 次使用需登入 Microsoft 帳號和密碼。登入成功可以看到下列畫面，甚至可以選擇是否使用 GPT-4 的 AI 模型。

Copilot App 最大的特色是可以使用注音輸入繁體中文。

11-12-2　手機的 Copilot 對話

進入 Copilot 聊天環境後，可以選擇是否使用 GPT-4，若是不使用，可以用注音或語音輸入問題 (可以參考下方左圖)，Copilot 可以回應你的問題 (可以參考下方右圖)。

11-12-3　Copilot App 切換到 GPT-4 對話模式

我們也可以切換到 GPT-4 對話模式，可以參考下圖。

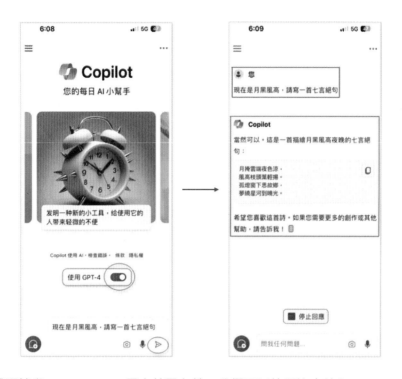

上述環境與 ChatGPT App 最大差異在於，我們可以使用注音輸入。

第 12 章

AI 繪圖與編輯 — Playground AI

　　AI 免費繪圖的軟體有許多，這一章要介紹使用了 Stable Diffusion 技術的 Playground AI，它可以用來生成逼真的圖像、藝術作品和其他創意內容。

註 1：目前每天可以免費生成 50 張圖像。

註 2：購買專業版，每天可以生成 1000 張圖片，每個月費用是 12 美金。

12-1 　繪圖的 Prompt

　　2-1 節筆者介紹了 Prompt，我們的輸入就是稱「Prompt」，ChatGPT 就是用我們輸入的「Prompt」，生成回應文字。在 AI 繪圖領域，也是稱我們要生成圖片的文字為「Prompt」。有時候我們看到 AI 生成的圖像，非常精彩，想要了解「Prompt」是如何撰寫，可以參考下列網站。

　　　https://replicate.com/methexis-inc/img2prompt

進入此網站後可以看到下列畫面。

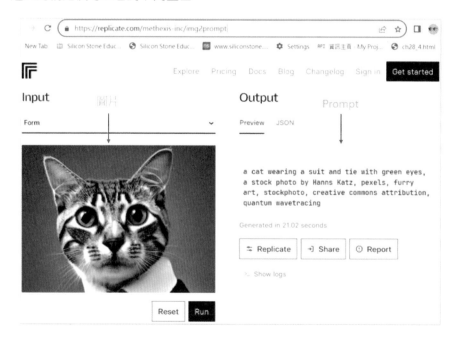

上述是網站的示範圖片，與示範的「Prompt」輸出。往下捲動畫面，可以看到下列輸入圖片區。

讀者可以將要分析的圖片拖到上述方框,再按 Run 鈕,就可以生成此圖片的 Prompt。在 ch12 資料夾有「黃刀鎮極光 .jpeg」,請拖曳到上述位置,可以看到下列畫面。

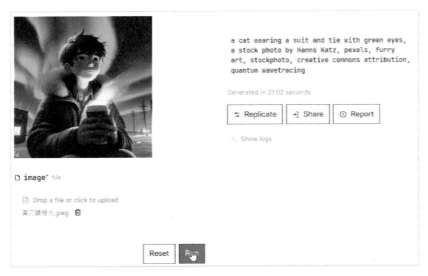

請按 Run 鈕,可以得到下列結果。

12-2　Playground AI 繪圖

　　請輸入下列網址，就可以進入 PlaygroundAI 公司的網站，此外，PlaygroundAI 也可以簡稱 Playground。

　　　https://playgroundai.com

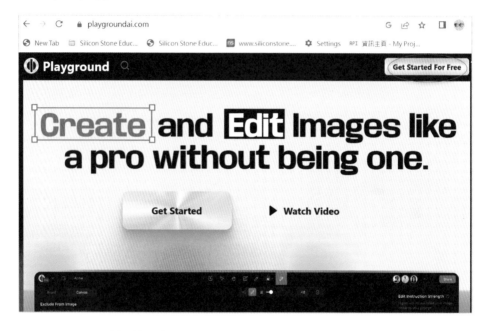

Playground AI 官網首頁右上方有 Get Started For Free 超連結，讀者可以點選。

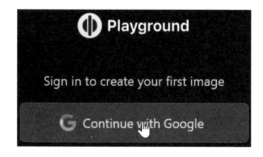

最簡單的方式就是使用 Google 帳號註冊，就可以進入 Playground AI 的創作環境。

12-3　Playground AI 的創作環境

12-3-1　認識 Playground AI 環境

進入 Playground 繪圖環境，視窗畫面如下所示：

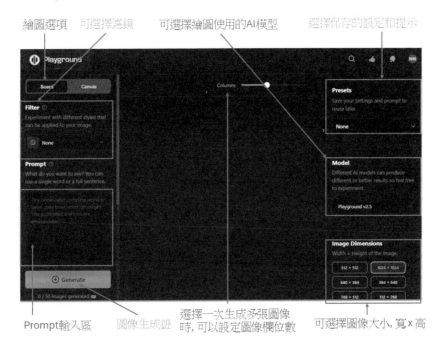

上述是我們可以直接看到的環境設定，左側欄往下捲動，還可以看到更多欄位選項。

- Filter：濾鏡主要是嘗試將不同的風格應用於您的圖像上。

- Prompt：這是 AI 繪圖 Prompt 的輸入區。

- Generate：生成圖像鈕。

- Expand Prompt：使用人工智慧來改進簡短提示並獲得新的圖像風格靈感，預設是沒有啟用。

- Exclude From Image：生成圖像需排除哪些顏色、物件、風景。

- Image to Image：上傳圖片產生靈感，相當於可以調整圖片內容。

右側欄往下捲動，還可以看到更多欄位選項。

● Model：可以選擇不同的影像 AI 模型，目前有 Stable Diffusion XL 和 Playground v2 以及 Playground v2.5 可以選擇，預設是 Playground v2.5。

● Image Dimensions：影像大小的選擇，如果購買 Pro plan，可以選擇寬與高，可以設定達到 1536px。

● Prompt Guidance：預設是 3，較高的值可以讓影像更接近 Prompt 的描述。

● Speed & Quality：預設是 Fast 選項。若是選擇 High Quality 可以生成更高品質的影像，但是將較花時間。

● Seed：影像種子值，當有設定 Randomize each number to get new variations 時，無法設定此值。

● Randomize each number to get new variations：隨機化每個數字以獲得新的影像變化。如果取消設定，可以獲得種子值，如果要生成相同人物，可以取消此設定。下圖左邊是預設畫面，右邊是取消設定可以獲得一個種子值 (seed)。

 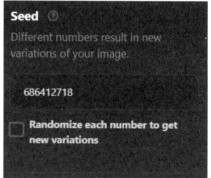

● Number of Images：可以選擇一次生成多少張圖像，預設是 1 張。

● Private Session：圖像將僅對您可見，直到您準備好分享它們。

12-3-2　基礎實作

有關繪圖原則，和第 11 章使用 Copilot 相同，筆者輸入「冬天，傍晚，哈爾斯塔特」(Winter, evening, Hallstatt)。

點選可以看到今天的用量　可設定欄位圖像數, 相當於可設定圖像大小

12-3-3　下載 Download

影像生成後，將滑鼠游標指向影像，可以看到此影像的 Prompt 與編輯功能圖示：

執行 Download 後，可以下載，本書 ch12 資料夾 winter-evening-hallstatt.jpeg 就是此影像所下載的結果。

12-3-4　建立變化影像 Create variations

影像左上方有 Create variations 圖示，執行後會生成類似的影像，下方左圖是原先影像，右圖是新生成的影像，讀者可以比較。

在實際 Playground 視窗環境，舊影像會被捲動到下面，新生成的影像在上方。

12-3-5　Actions 功能

點選 Actions，可以看到系列功能，如下所示：

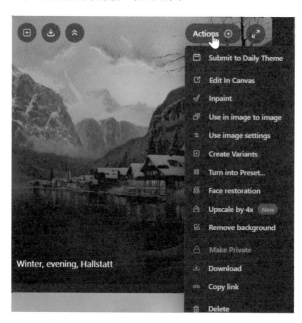

上述功能說明如下：

- Submit to Daily Theme：您的創作將被展示在 Playground AI 的每日主題頁面上，並有機會被其他使用者看到，也許可以從其他使用者和 Playground AI 團隊那裡獲得反饋。Playground AI 會定期舉辦比賽，獲勝者將獲得獎品。

- Edit in Canvas：使用 Canvas 編輯。

- Inpaint：可以移除、添加或是修改圖像細節。

- Use in image to image：用於圖像生成圖像。

- Use image settings：允許使用者在生成圖像時使用現有圖像作為參考。

- Create variations：建立變化影像。

- Turn into Preset...：允許使用者將其創作轉換為 Preset，以便日後快速重新使用。

- Face restoration：允許使用者修復模糊、損壞或缺少部分的圖片中的人臉。

- Upscale by 4x：產生 4 倍影像，如果滿意作品，可以點選生成高解析度影像，然後下載使用。筆者測試原先影像大小是 1.59MB，經此指令操作後影像大小變為 20.2MB。

- Remove background：允許使用者自動從圖片中移除背景。該功能使用人工智能技術來識別人臉和物體，並將其與背景分離。

- Make Private：免費帳號無法使用。

- Download：下載。

- Copy link：複製連結。

- Delete：刪除影像。

12-4　圖像生成圖像

這一節是使用 12-3-4 節生成的圖像，執行 Actions/Use in image to image 指令後，輸出新的 Prompt，生成的結果。

註　也可以參考 12-3-1 節 Image to Image 指令，上傳圖片重新給 Prompt 生成新圖像。

實例 1：「極光，深夜」(Aurora, late night)，以下是 Playground 2.5 模型的結果。

以下是使用 Stable Diffusion XL 模型的結果。

　　以下是使用 Playground 2 模型的結果，筆者比較喜歡這個模型呈現的結果，因為還保持原先影像特質，可惜此模型將在 2024 年 6 月 1 日移除。

12-5　Canvas 畫布

在 Playground AI 環境點選左上方的 Canvas，可以進入 Canvas 繪圖環境，此時中央的方框稱 Canvas 畫布。Canvas 畫布也是一個繪圖環境，此時 Prompt 是在畫布下方。

Prompt輸入區　　圖像生成鈕　　　可控制圖像大小

12-5-1　Canvas 生成圖像

進入 Canvas 畫布後，預設是執行 Generate Image 圖示 ，這時會有一個畫布框，Prompt 輸入區在畫布框的下方。右邊有 Image Dimensions 欄位可以拖曳捲軸標記控制畫布大小，也可以將滑鼠游標放在畫布 4 個角，當滑鼠游標變成雙向箭頭時拖曳更改畫布大小。

將方框移開，滑鼠放在圖像上，可以看到 Download 鈕，點選就可以儲存，ch12 資料夾有 mona-lisas-smile.png 就是此檔案。

或是可以點選 Move 或 Select 工具圖示 ▷，也可以得到上述滑鼠放在圖像上，可以看到 Download 鈕。這個工具也可以移動 Canvas 上的圖像。Canvas 畫布原則上就是一張畫布，所以當儲存圖像後，如果要建立新圖像，可以刪除此圖像，否則畫布上就會有多個圖像，這時可以用拖曳方式移動畫布上的圖像。

12-5-2 影像局部編輯 – Instruct to Edit

請執行 Instruct to Edit，如下所示：

此時游標是一個可控制大小的圓形畫筆，我們可以繪製區域，然後填上要加上的物件，此例是為圖像蒙娜麗莎增加珠寶項鍊 (neck pearllace)。Prompt 輸入是「add a pearl necklace」。

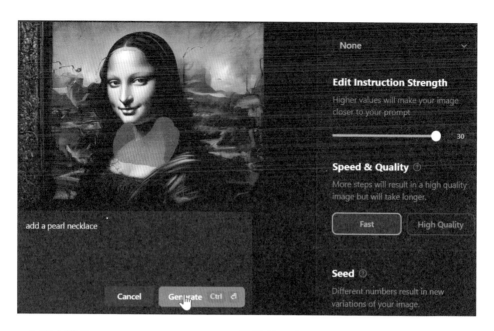

　　上述右邊的 Edit Instruction Strength 欄位值設越高，可以越精準，下列是執行結果。

　　如果不滿意執行結果，可以執行右上方的 Undo 圖示 ，復原此動作。

12-5-3 影像消除 – Object Eraser

我們也可以刪除影像中特定物件,例如,若是想刪除蒙娜麗莎上的項鍊,可以選擇選擇 圖示的 Object Eraser 指令,可以參考下方左圖。

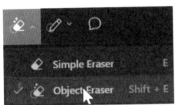

此時游標是可以控制大小的紅色橡皮擦,請擦拭項鍊,如上方右圖所示,請按 Eraser 鈕,可以得到下列結果。

12-5-4　擴充影像內容

我們也可以上傳圖像，然後在 Canvas 環境執行進階的編輯，ch12 資料夾有「哈爾斯塔特 .png」圖像。請在 Canvas 環境執行預設的 圖示。然後執行 Import Image 上傳，先選擇 From Computer，在選擇此檔案。

選擇 Canvas，預設是執行 Generate Image 圖示 ，所以此時可以看到上傳的影像與 Generate Image 圖示的方框，此方框下方是 Prompt 輸入區，請移動方框到適當位置，如下所示：

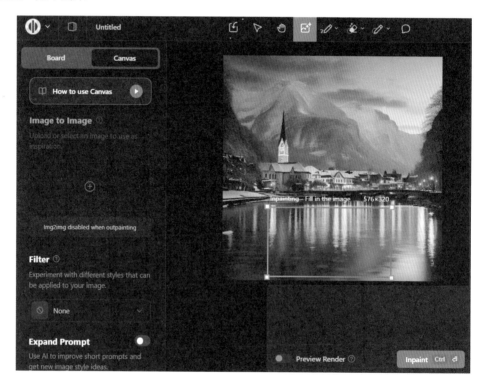

我們可以調整方框的大小，筆者輸入「3 white swans on the lake」，按 Inpaint 後，得到下列結果，其實筆者想生成 3 隻白天鵝，但是影像生成 2 隻白天鵝，其實也不錯了啦，ch12 資料夾有儲存此圖像檔案。

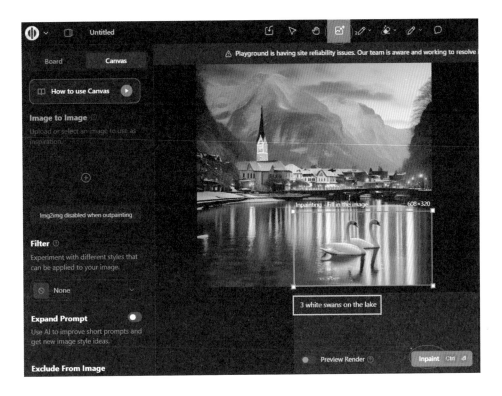

註 筆者事後再嘗試，也生成了 3 隻白天鵝成功了。

這一章筆者介紹了 Playground AI 的基本操作，更進一步的操作與應用，讀者可以自行體會。

12-6 功能表與創作欣賞

12-6-1 主功能表

視窗右上方可以看到使用者名稱，點選可以看到主功能表，此功能表內容如下：

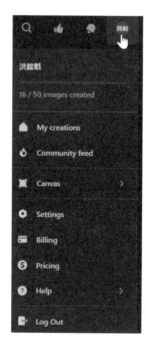

使用記錄

我的創作

社群創作展示

Canvas畫布

環境設定

付費狀況

費用說明

輔助說明

登出

12-6-2 我的創作 My creations

點選 My Creations 可以看到你的作品。

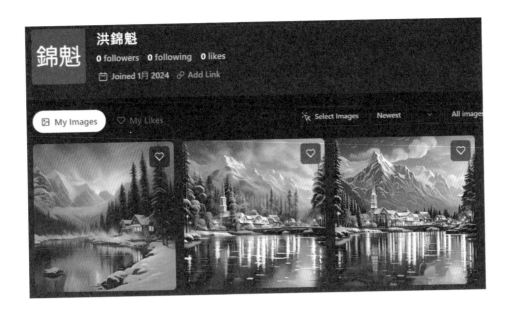

12-6-3 社群作品展示區

點選 Community feed 可以看到不同類別的社群作品展示區，Rising 類別中所展示的是一系列精選、受歡迎和流行的創作。

點選任一作品可以看到圖像連結或是 Prompt，例如：下列是選擇 Animals 類別，點選特定影像。

可以得到下列影像參數與 Prompt 的結果。

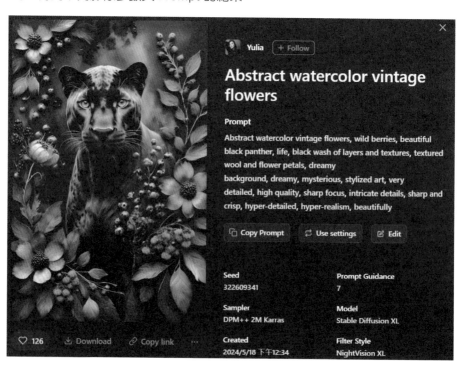

第 13 章

AI視覺創作與變臉 – Ideogram/Stylar/Faceswapper

13-1　文字與海報設計的 AI 繪圖 - Ideogram

前面章節筆者介紹了免費的 Bing、Playground AI，可以依據文字生成圖片。可是如果我們想要生成圖片時，同時讓圖片內含有文字，常會漏字、亂碼、或是無法依據指示生成。Ideogram 可以完全解決這方面的問題，這個 AI 可以生成內含文字的圖片，非常適合在海報設計、社交貼文、Logo 或是部落格貼文。

13-1-1　進入 Ideogram 網站

請輸入下列網址，就可以進入 Ideogram 公司的網站。

https://ideogram.ai

進入後需要註冊，請點選 Signup with Google 鈕，註冊過程與其他 AI 軟體一樣，完成後就可以正式進入 Ideogram 創作環境。

13-1-2　創作含文字的圖片

　　這個軟體試用階段可以每天生成 25 個 Prompts，每個 Prompt 會產生 4 張圖。此軟體目前可以接受中文的 Prompts，不過製作含文字的圖像時，文字只能是英文。請輸入「一幅生動的水彩畫，描繪了一位約 40 歲，戴眼鏡的英俊瀟灑魔術師，使用了豐富的色彩調色盤和各種藝術工具，包括畫筆、標記筆和展示捲軸。魔術師正在施展魔法，背景中寫著 "AI Magic" 以表彰人工智慧在創作這件驚人藝術作品中的創造力。poster, painting」。按一下 Prompt 區，可以擴充 Prompt 的區塊，和看到更多選項。

上述需選擇 painting 和 poster，按 Generate 鈕後，可以得到下列結果。

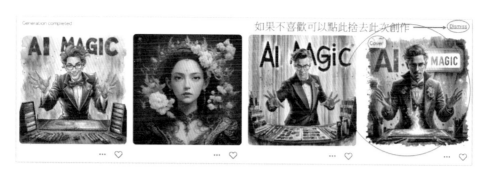

很明顯上述圈起來的圖像適合這個主題，至於左邊算起第 4 張圖像有 Cover 符號，這個符號代表這一系列的封面畫像。如果點選滿意的圖像，此例是從左算起第 4 幅圖像，可以看到更近一步的圖片內容。

當我們生成一幅滿意的圖像後，可以看到此圖像的描述。此外，Ideogram 也會將原先的 Prompt 使用英文優化內容，放在 Magic Prompt 區，我們可以用此優化的 Prompt 生成新的圖像。

13-1-3 優化圖像 – Magic Prompt

Magic Prompt 右邊有下列功能圖示：

● Use 圖示 ＋：可以用 Magic Prompt 重新生成圖像。

● Copy 圖示 ▯ ：可以複製 Magic Prompt 的 Prompt。

此例點選 Use 圖示 ＋ ，得到畫面如下：

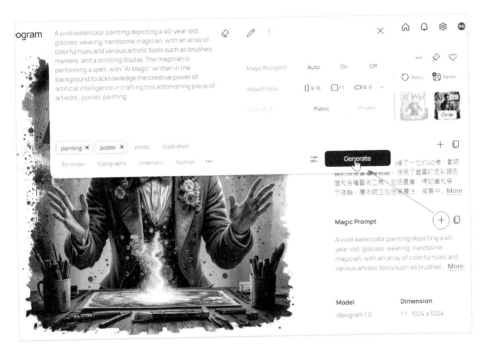

點選 Generate 鈕後，可以得到下列結果。

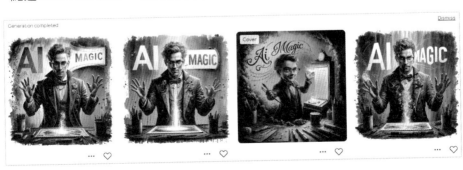

13-1-4　愛心圖示

　　圖片右下方有愛心 ♡ 圖示，喜歡的圖片可以點擊愛心 ♡ 圖示，經此設定愛心 ♡ 圖示將變為紅色 🤍 圖示。

13-1-5　圖片下載

　　對於喜歡的圖片可以點選下載，請先按一下要下載的圖片，然後可以看到下列畫面。

　　請執行 Download，在本書 ch13 資料夾可以看到此圖片。

13-1-6　功能區

❑　自己的創作 – My Profile

在自己的檔案區可以看到所生成的作品。

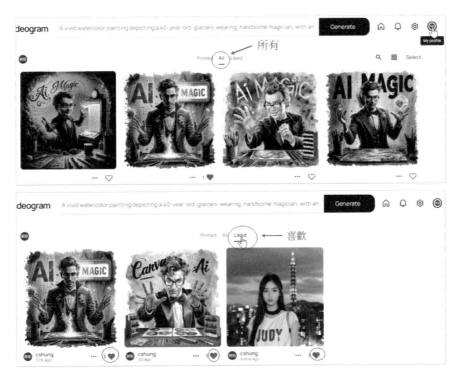

❑　設定 - Settings

點選可以看到下列畫面：

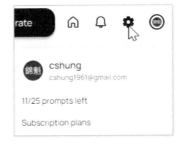

上面「11/25」表示今天額度 25 張，已經使用 11 張。此外，Subscription plans 是公告付費規則。點選後可以看到此軟體的使用等級，基本上可以分成下列 3 個等級：

- Free：免費，每天可以使用 25 個 Prompts，生成 100 個 jpg 格式的圖像。
- Basic：每個月 7 美元，每個月有 400 個 Prompts 的高優先順序，基本程序每天有 100 個 Prompts，生成的圖像是 png 格式。
- Plus：每個月 16 美元，每個月有 4000 個 Prompts 的高優先順序，基本順序的 Prompts 沒有限制，生成的圖像是 png 格式。
- Pro：專業版，每個月 48 美元，每個月有 12000 個 Prompts 的高優先順序，基本順序的 Prompts 沒有限制，生成的圖像是 png 格式。

13-2　連續拍照視覺設計 - Ideogram

在視覺設計時，我們可以下指令執行 4 連拍功能，這時相當於可以執行連續拍照 4 張不同表情。這個實例所使用的 Prompt 是「A wide-format photo arrangement, featuring a 16-year-old beautiful Taiwanese girl, consisting of 4 beautiful photos. In each frame, her facial features remain consistent, but each must display a completely different expression (puckered lips, a slight smile, laughter and thoughtful). The background is a pure white. Each photo frame is of equal size and evenly spaced for easy cropping., photo」。下列是輸入 Prompt 的實例。

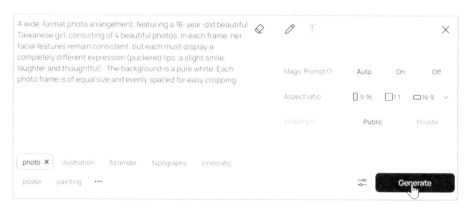

點選 Generate 鈕後，可以得到下列結果。

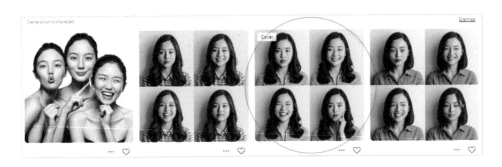

此例，筆者點選圈選圖像，可以得到下列結果。

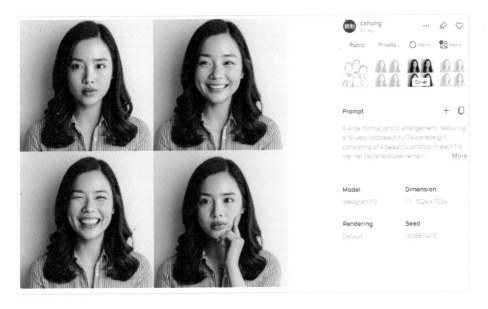

圖像風格轉換 - Stylar

Stylar AI 是一款免費的人工智慧圖像生成和編輯工具，允許用戶使用各種功能和功能建立和修改圖像，這一節筆者將介紹 Cutie 版的風格轉變的設計。

13-3-1　圖像背景刪除

正式介紹 Cutie 版風格轉換設計前，筆者先介紹圖片去背，讀者可以輸入下列網址：

https://www.remove.bg/zh

進入下列圖像背景刪除網站：

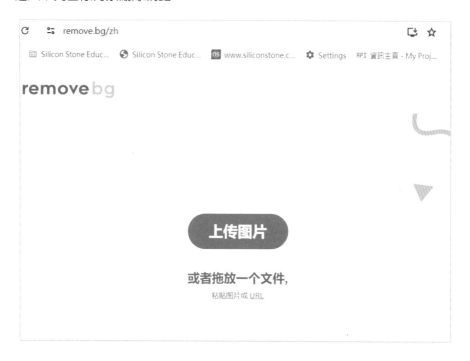

請將 ch13 資料夾的 hung.jpg 圖檔拖曳到上述位置，大約 10 秒，就可以將背景刪除，可以看到下列畫面。

按下載鈕，就可以下載，此結果儲存在 ch13 資料夾的 hung-bg.png。

13-3-2　進入 Ideogram 網站

請輸入下列網址，就可以進入 Ideogram 公司的網站。

https://www.stylar.ai/

可以看到下列畫面：

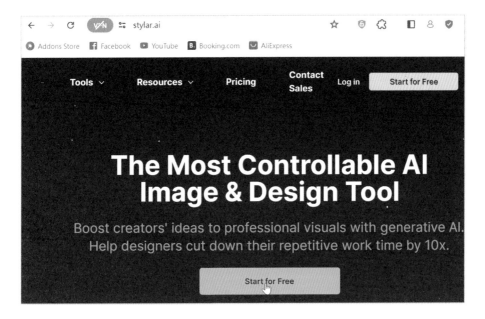

　　進入後需要註冊，請點選 Start for Free 鈕，註冊過程與其他 AI 軟體一樣，完成後就可以正式進入 Stylar AI 創作環境。

13-3-3　認識 Stylar AI 視窗環境

進入 Stylar AI 環境後，可以看到下列視窗畫面。

建立專案　　風格資料庫　　近期作品專案

13-3-4　Cutie 風格設計

首先請點選 New project，建立新 Project。

請點選 Import Image 功能插入圖像，然後選擇 13-3-1 節建立，在 ch13 資料夾的 hung-bg.png 檔案。

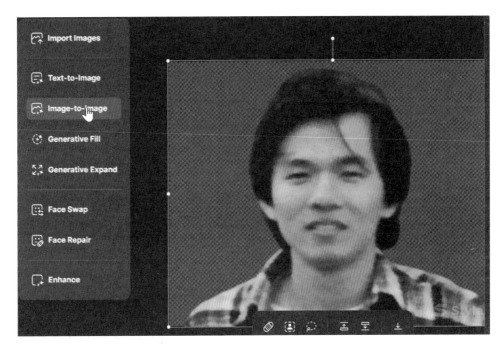

然後點選 Image-to-Image 功能，表示要用圖像生成圖像。

可以看到目前風格是 No Style，所以請點選 No Style，選擇風格。

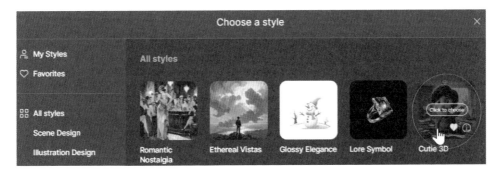

請點選 Cutie 3D 風格，如上所示，可以看到下列畫面。

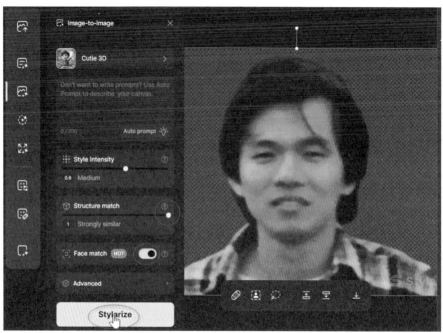

請將 Structure math 指標移到最右邊，表示使用最類似功能。同時點選 Face match 選項。最後請點選下方的 Stylarize 鈕，這樣就可以完成風格設定了，經過 AI 運算後，最後可以在視窗右邊顯示生成結果。

現在將滑鼠游標移到滿意的結果,可以在 Canva 放大顯示此結果。

滿意特定項目後,連按兩下,就可以將此圖像放在 Canvas 畫布,此專案就算完成。

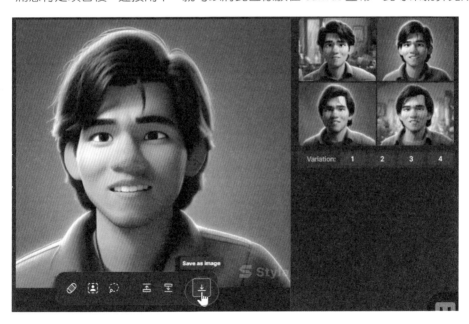

上述點選⬇️圖示,可以下載儲存,筆者用 hung-stylar.png 儲存此圖檔案。

13-3-5 漫畫草稿 (Manga Sketch) 風格

使用與上一小節相同的 hung-bg.png 圖檔與步驟,這次使用下列風格。

可以得到下列結果。

下列是筆者選擇的結果，筆者用 hung-sketch.png 儲存此圖檔案。

13-4　圖像與動畫變臉 – Faceswapper

Faceswapper 是一個利用人工智慧將臉部特徵從一張圖像無縫轉移到另一張圖像的網路平台。它允許用戶透過交換照片或影片中人物的臉部來創建有趣且有時令人驚奇的圖像。

13-4-1　進入 Faceswapper.ai 網站

請輸入下列網址，就可以進入 Ideogram 公司的網站。

https://faceswapper.ai/zh-tw

可以看到下列畫面：

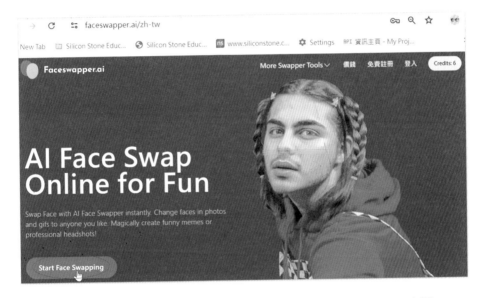

這個 AI 變臉程式沒有註冊也可以使用，此時有 6 個點數，點選 Start Face Swapping 鈕，就可以立即使用。

註　如果註冊，則每天有 10 個免費點數。上述點選價錢，可以看到 Pricing & Plans 表，基本上是依據年度收費。

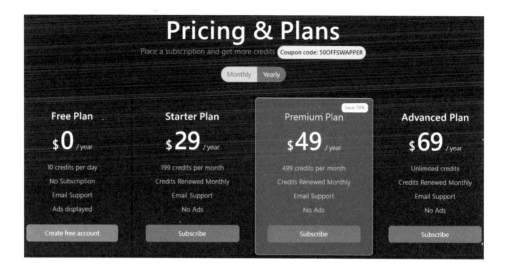

13-4-2　Face Swap

進入 Faceswapper.ai 後點選 Start Face Swapping 鈕，或是執行 More Swapper Tools/Face Swap 皆可以進入下列環境。

放新的相片　　　　放要被取代的相片

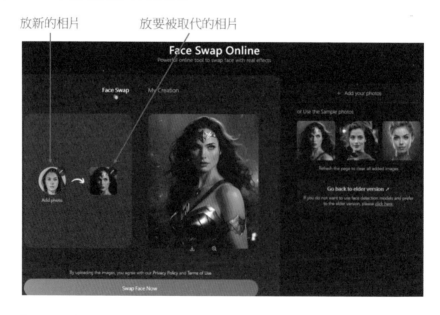

上述可以用點選圖像方式，然後選擇資料夾的圖像，此例筆者左邊選擇 ch13 資料夾的 hung-bg.png，右邊選擇 ch13 資料夾的 magic-prompt.jpeg，此時畫面如下：

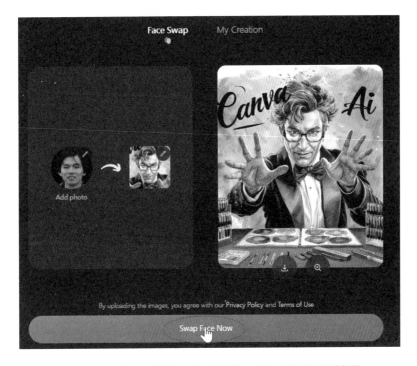

請點選 Swap Face Now 鈕，就可以執行換臉，可以得到下列結果。

上述點選 ⬇ 圖示，可以下載與儲存此換臉結果，筆者存入 hung-swap.jpg。

13-4-3　Animated Face Swap

執行 More Swapper Tools/Animated Face Swap 可以進入下列動畫變臉環境。

系統預設

放新的臉

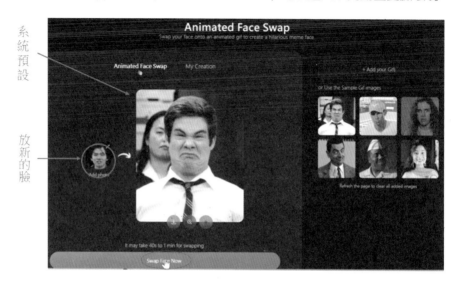

示範的是 gif 檔案，筆者使用 hung-bg.png 當作新的臉，上述請按 Swap Face Now 鈕，可以得到下列結果。

上述點選 ⬇ 圖示，可以下載與儲存此換臉的動畫，筆者存入 animated-swap.gif。

第 14 章

AI音樂/歌曲 — musicLM/Stable Audio/Suno

14-1　AI 音樂的起源

　　AI 音樂的起源可以追溯到 20 世紀 50 年代和 60 年代，那時計算機科學家和音樂家開始探索如何利用計算機技術創作音樂。最早的實驗之一是在 1957 年，由澳洲科學家 CSIRAC 電腦完成的音樂表演。隨著技術的發展，人們開始尋求利用人工智能和機器學習技術來創作音樂。

- 1980 年代：神經網絡技術的發展為 AI 音樂提供了更多的可能性。其中，David Cope 的「Emmy」（Experiments in Musical Intelligence）成為了最具代表性的實驗之一，該項目利用神經網絡創作出具有巴洛克和古典風格的音樂作品。

- 1990 年代至 2000 年代：機器學習和數據挖掘技術在音樂創作中得到了廣泛應用。例如，Markov 鏈、遺傳算法和其他機器學習技術被用來生成音樂。

- 2010 年代：深度學習技術的崛起引領了 AI 音樂的新時代。Google 的 Magenta 項目、IBM 的 Watson 音樂創作系統以及 OpenAI 的 MuseNet 等項目紛紛嶄露頭角，這些技術使得 AI 能夠生成更具創意和高質量的音樂作品。

- 近年來：生成對抗網絡（GANs）和變化自動編碼器（VAEs）等創新技術被引入到 AI 音樂領域，為音樂生成帶來了新的可能性。

　　AI 音樂的起源和發展歷程反映了人工智能技術的演進和發展。從最初的基於規則的創作，到後來機器學習和深度學習的應用，AI 音樂不斷地拓展著音樂創作的疆界，並為未來音樂產業的發展帶來了無限的可能。

　　AI 生成音樂的應用非常廣泛，可以用於電影配樂、電子遊戲音樂、廣告音樂等。這種技術還可以用於幫助音樂家創作新的音樂，或者提供音樂創作的靈感和啟示。然而，AI 生成的音樂也存在一些挑戰，例如如何保持音樂的創意性和情感表達，以及如何平衡人工和自動化的創作過程。

14-2　Google 開發的 musicLM

14-2-1　認識 musicLM

　　musicLM 是 Google 公司開發，一種以人工智慧為基礎的音樂生成模型，其使用的是 GPT-3.5 架構。這種模型可以依據文字描述，並生成具有一定音樂風格的新音樂。

musicLM 的訓練過程包括收集大量的音樂數據，例如各種類型的音樂曲目、樂器演奏等，然後將這些數據傳入模型進行訓練。透過這種方式，模型可以學習到音樂的節奏、旋律、和弦和結構等要素，並生成全新的音樂作品。

使用 musicLM 可以創作出豐富多樣的音樂，這些音樂作品可以應用於多種場景，例如電影、電視、廣告等。除了音樂創作之外，musicLM 還可以幫助音樂家進行作曲、編曲和改進現有的音樂作品等。

總體而言，musicLM 是一種非常有用的音樂生成工具，可以幫助音樂家和音樂製作人在創作和製作音樂時更加高效和創意。

註 可能是法律風險，目前沒有公開給大眾使用。

14-2-2　musicLM 展示

儘管沒有公開給大眾使用，不過可以進入下列網址欣賞 musicLM 的展示功能。

https://google-research.github.io/seanet/musiclm/examples/

讀者可以捲動畫面看到更多展示，下列是示範輸出。

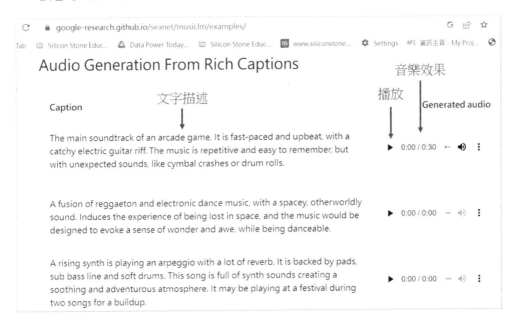

例如：上述是 3 首文字描述產生的音樂，上述描述的中文意義如下：

街機遊戲的主要配樂。它節奏快且樂觀，帶有朗朗上口的電吉他即興重複段。音樂是重複的，容易記住，但有意想不到的聲音，如鐃鈸撞擊聲或鼓聲。

雷鬼和電子舞曲的融合，帶有空曠的、超凡脫俗的聲音。引發迷失在太空中的體驗，音樂的設計旨在喚起一種驚奇和敬畏的感覺，同時又適合跳舞。

上升合成器正在演奏帶有大量混響的琶音。它由打擊墊、次低音線和軟鼓支持。這首歌充滿了合成器的聲音，營造出一種舒緩和冒險的氛圍。它可能會在音樂節上播放兩首歌曲以進行積累。

❑ 　油畫描述生成 AI 音樂

一幅拿破崙騎馬跨越阿爾卑斯山脈的油畫，經過文字描述也可以產生一首 AI 音樂。

Napoleon Crossing the Alps - Jacques-Louis David

"The composition shows a strongly idealized view of the real crossing that Napoleon and his army made across the Alps through the Great St Bernard Pass in May 1800." By wikipedia

▶ 0:30 / 0:30 ━ 🔊 ⋮

❏　簡單文字描述產生的音樂

Caption	Generated audio
acoustic guitar	▶ 0:00 / 0:10 ━ 🔊 ⋮
cello	▶ 0:00 / 0:10 ━ 🔊 ⋮
electric guitar	▶ 0:00 / 0:10 ━ 🔊 ⋮
flute	▶ 0:00 / 0:10 ━ 🔊 ⋮

14-3　AI 音樂 - Stable Audio

Stable Audio 是 Stability AI 於 2023 年 9 月推出的文字轉音樂 AI 模型，可以根據用戶輸入的文字描述生成高品質的 44.1 kHz 立體聲音樂或音效。

Stable Audio 使用了一種潛在擴散聲音模型，該模型是透過來自 AudioSparx 的 80 萬個聲音檔訓練而成，涵蓋音樂、音效、各種樂器，以及相對應的文字描述等，總長超過 1.9 萬個小時。

Stable Audio 與 Stable Diffusion 一樣，都是用擴散的生成模型，Stability AI 指出，一般的聲音擴散模型通常是在較長聲音檔案中隨機裁剪的聲音區塊進行訓練，可能導致所生成的音樂缺乏頭尾，但 Stable Audio 架構同時用文字，以及聲音檔案的持續及開始時間，而讓該模型得以控制所生成聲音的內容與長度。

Stable Audio 允許用戶輸入多種描述，包括：

● 音樂風格：例如古典、爵士、搖滾、流行等

● 樂器：例如鋼琴、吉他、小提琴、鼓等

● 節奏：例如快板、慢板、四四拍、三三拍等

● 情緒：例如歡樂、悲傷、激動、平靜等

Stable Audio 還提供了一些預設的音樂庫描述，例如：

- 進步性迷幻音樂 (Progressive Trance)
- 振奮音樂 (Upbeat)
- 合成器流行音樂 (Synthpop)
- 史詩搖滾 (Epic Rock)

Stable Audio 提供兩種版本，一是免費版 (個人使用版權、非商業用版權)，其音樂模型如下：

stable-audio-audiosparx-v1-0

另一為 11.99 美元月費的 Pro 方案 (個人使用，可商業用的版權)，其音樂模型如下：

stable-audio-audiosparx-v1-1

免費版允許用戶每個月生成 20 首音樂，一首最長 45 秒。Pro 方案用戶則可每月生成 500 首音樂，最長可到 90 秒。如果你是重度使用者，也可以升級至 Sdutio(每個月 29.99 美金，可創作 1350 首音樂) 或是 Max(每個月 89.99 美金，可創作 4500 首音樂)。註：如果要企業用的版權 (Enterprise license) 需進一步接洽 Stable 公司。

Stable Audio 可以用於以下場景：

- 音樂創作：Stable Audio 可以幫助音樂創作者快速生成音樂素材，以作為創作靈感或參考。
- 音樂教育：Stable Audio 可以幫助音樂教育工作者向學生展示不同風格和流派的音樂。
- 音樂娛樂：Stable Audio 可以幫助用戶製作個性化的音樂或音效，用於遊戲、影片或其他娛樂目的。

Stable Audio 是一項具有潛力的技術，可以為音樂創作、教育和娛樂帶來新的可能性。

14-3-1　進入此網站

可以使用下列網址，進入 Stable Audio 網站。

https://www.stableaudio.com/

然後可以看到下列畫面。

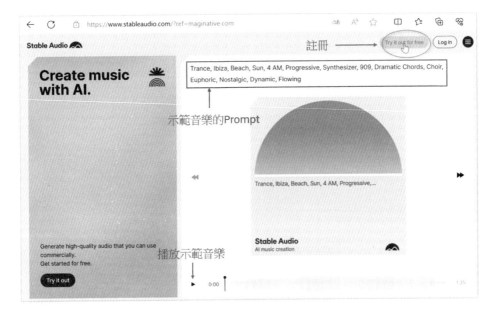

示範音樂的Prompt

播放示範音樂

點選 Try it out for free 鈕註冊後，可以進入下列畫面。

輸入音樂的Prompt(描述所要生成的音樂),下列顯示預設的Prompt

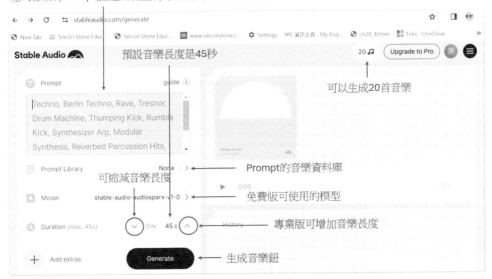

預設音樂長度是45秒

可以生成20首音樂

Prompt的音樂資料庫

可縮減音樂長度

免費版可使用的模型

專業版可增加音樂長度

生成音樂鈕

14-3-2　認識音樂資料庫 Prompt Library

如果點選 Prompt Library 右邊的圖示 ［Prompt Library　　None ⊘］，可以看到系列音樂資料庫，進步性迷幻音樂 (Progressive Trance)、振奮音樂 (Upbeat)、合成器流行音樂 (Synthpop)、史詩搖滾 (Epic Rock)、環境音樂 (Ambient)、溫暖音樂 (Warm)，讀者往下捲動可以看到更多音樂類型。例如：放鬆嘻哈 (Chillhop)、鼓獨奏 (Drum Solo)、Disco、現代音樂 (Modern)、平靜音樂 (Calm)、浩室音樂 (House，這是起源於 1980 年代美國芝加哥的音樂風格)、經典搖滾 (Class Rock)、迷幻嘻哈 (Trip Hop)、新世紀音樂 (New Age)、流行音樂 (Hop)、科技舞曲 (Techno)、讓我驚喜音樂 (Surprise me)。

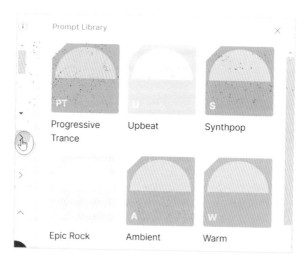

讀者可以點選音樂庫，了解提示 (Prompt) 內容，例如：點選 Progressive Trance (進步性迷幻音樂)，將看到下列內容：

上述 Prompt 的中文意義是：迷幻音樂，伊維薩島，海灘，太陽，凌晨 4 點，進步的，合成器，909，戲劇性和弦，合唱團，狂喜的，懷舊的，動態的，流暢的。

❏　音樂名詞解釋 - Ibiza(伊維薩島)

在音樂領域，「伊維薩島（Ibiza）」通常與電子舞曲（EDM）文化密切相關。伊維薩是西班牙的一個島嶼，全球知名作為電子音樂和派對文化的中心之一。自 1980 年代以來，伊維薩就因其夜生活、世界級的夜店和夏季電子音樂節而聞名於世。

伊維薩島吸引了來自全球的 DJ 和音樂製作人，在這裡舉辦他們的表演和派對，從而推廣了浩室音樂（House）、Techno、Trance 等多種電子音樂風格。對於很多人來說，伊維薩不僅僅是一個地點，它象徵著自由、慶祝和音樂創新的精神。因此，當提到伊維薩島時，往往與電子舞曲的樂迷和節慶文化的熱情氛圍聯繫在一起。

❏　音樂名詞解釋 - Dynamic(動態的)

在音樂領域，「Dynamic（動態）」指的是音樂中聲音強度的變化，包括音量的變化和表達的強度。它是音樂表達中的一個重要元素，用來傳達情感、強調樂句或是創建音樂的張力和解決。

動態標記在樂譜中以特定的符號表示，從 pp（pianissimo，非常輕柔）到 ff（fortissimo，非常響亮）不等，涵蓋了從非常輕微到非常強烈的一系列音量級別。除了這些基本動態標記之外，還有如 crescendo（逐漸變強）和 decrescendo（逐漸變弱）這樣的漸變標記，它們指示音樂從一個動態級別平滑過渡到另一個級別。

動態不僅限於古典音樂。在爵士樂、搖滾樂、流行音樂和其他類型的音樂中，動態的變化同樣是表達情感和維持聽眾興趣的關鍵手段。它可以用來增加音樂的戲劇性，或是創造出放鬆和安靜的氛圍，使音樂作品更加豐富和有層次感。

❏　音樂名詞解釋 - Flowing(流暢的)

在音樂領域，「Flowing(流暢的)」一詞通常用來形容音樂的流暢性、連貫性或是自然流動的感覺。這個詞描述了一種音樂表達方式，其中旋律、節奏和和聲似乎無縫地串聯在一起，創造出一種持續不斷且平滑的聽覺體驗。在不同音樂風格中，「Flowing」可以有不同的體現：

● 在古典音樂中：它可能指某一段旋律的平滑過渡和展開，讓聽者感到一種流動的美感。

● 在爵士樂或即興音樂中：「Flowing」可以指演奏者如何流暢地導航音樂結構，創造出自然而又連續的音樂線條。

- 在電子音樂或環境音樂中：它通常指音樂的氛圍如何平滑地維持和轉變，給聽者帶來沉浸式的聽覺體驗。

總的來說，「Flowing」強調的是音樂如何以流暢、自然的方式流動，給聽者帶來和諧與美的感受。這種特質在各種音樂作品中都非常受到重視，因為它有助於維持音樂的凝聚力和表達力。

14-3-3　Stable Audio 的 Prompt 描述注意事項

在撰寫 Stable Audio 的 Prompt 時，可以注意以下幾點：

❑　描述要盡可能具體

Stable Audio 可以根據用戶輸入的文字描述生成音樂，因此描述要盡可能具體，以便模型能夠生成符合用戶預期的音樂。例如，可以指定音樂的風格、樂器、節奏、情緒等。以下是一個具體的描述示實例：

「生成一首 45 秒長的古典音樂，使用鋼琴和小提琴作為主要樂器，節奏為四四拍，情緒為歡樂。」

註 在音樂中，四四拍是一種常見的節拍，每小節有四拍，每拍以四分音符為一拍。四四拍的強弱規律為：強、弱、次強、弱。四四拍可以用來表示各種風格的音樂，包括古典、爵士、流行、搖滾等。四四拍具有以下特點：

- 節奏穩健，具有力量感。
- 具有進行曲、行軍曲等音樂的風格。
- 適合表現激動、昂揚的情緒。

常見的應用場景如下：

- 進行曲、行軍曲：四四拍是進行曲、行軍曲的常用節拍。
- 搖滾樂：四四拍是搖滾樂的常用節拍，可以用來營造激動、澎湃的氛圍。
- 流行音樂：四四拍也是流行音樂的常用節拍，可以用來表現各種情感。
- 電影配樂：四四拍可以用於營造緊張、刺激的氛圍。

❏　使用多種描述

Stable Audio 支持多種描述，因此可以嘗試使用多種描述來生成不同的音樂效果。例如，可以指定不同的音樂風格、樂器、節奏、情緒等。以下是一個使用多種描述的實例：

「生成一首 45 秒長的音樂，前半部分為搖滾風格，使用電吉他作為主要樂器，節奏為四四拍，情緒為激動；後半部分為爵士風格，使用鋼琴作為主要樂器，節奏為三三拍，情緒為平靜。」

註 在音樂中，三三拍是一種常見的節拍，每小節有三拍，每拍以四分音符為一拍。三三拍的強弱規律為：強、弱、弱。三三拍可以用來表示各種風格的音樂，包括古典、爵士、流行、搖滾等。三三拍具有以下特點：

● 節奏流暢，具有律動感。

● 具有圓舞曲、華爾茲等舞蹈音樂的風格。

● 適合表現歡快、優美的情緒。

三三拍在音樂中應用廣泛，常用於以下場景：

● 舞蹈音樂：三三拍是華爾茲、圓舞曲等舞蹈音樂的常用節拍。

● 抒情歌曲：三三拍適合表現歡快、優美的情緒，因此常用於抒情歌曲的創作。

● 電影配樂：三三拍可以用於營造浪漫、溫馨的氛圍。

14-3-4　建立音樂 – 以科技公司為實例

Stable Audio 的 Prompt 支援多語言輸入，包含中文，這可以省下我們讓 ChatGPT 翻譯中文描述為英文的時間。

以下是為發表全球最先進的「太陽能衛星手機」的科技公司為主題，建立的 Prompt 實例：

「生成一首 45 秒長的音樂，風格為激動、昂揚，使用合成器、弦樂和打擊樂作為主要樂器，節奏為四四拍，情緒為振奮。

音樂的開頭可以使用合成器演奏一段明亮、激動的旋律，然後加入弦樂，使音樂更加豐滿。在音樂的中間部分，可以使用打擊樂增加音樂的力度和律動感。音樂的結尾可以使用強烈的節奏和音色，營造高潮。

　　具體的音樂結構實例如下：

第一段

　　0-5 秒：合成器演奏主旋律

　　5-15 秒：加入弦樂，豐富音樂層次

第二段

　　15-30 秒：加入打擊樂，增加音樂力度和律動感

結尾

　　30-45 秒：使用強烈的節奏和音色，營造高潮」

上述 Prompt 複製到 Stable Audio 的 Prompt 區，可以看到下列畫面：

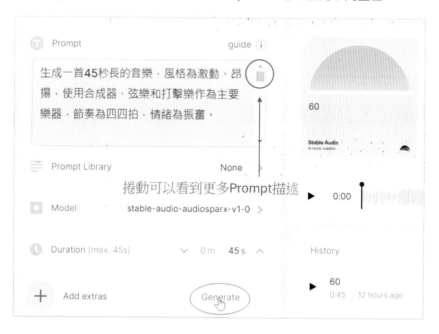

按 Generate 鈕後，可以得到下列結果。

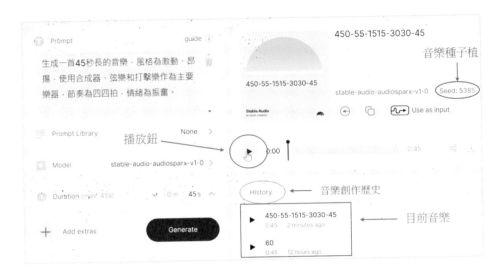

上述 Prompt 具有以下特點：

● 風格：激動、昂揚

● 樂器：合成器、弦樂、打擊樂

● 節奏：四四拍

● 情緒：振奮

您可以根據自己的需求和喜好，對這個 Prompt 進行調整。例如，您可以修改音樂的結構、節奏、音色等。

儘管 Stable Audio 可以懂中文，同樣的文字翻譯成英文，可以創作出不同的音樂效果。下列是同樣的文字，翻譯成英文的 Prompt。

「Generate a 45-second piece of music that is exciting and uplifting. Use synthesizers, strings, and percussion as the main instruments. The time signature should be 4/4 and the mood should be uplifting.

Structure

Section 1

0-5 seconds: Synthesizer plays the main melody

5-15 seconds: Strings are added to enrich the musical texture

Section 2

15-30 seconds: Percussion is added to increase the intensity and rhythm of the music

Outro

30-45 seconds: Use strong rhythms and timbres to create a climax」

　　上述 Prompt 可以生成下列音樂，此音樂有列出英文的 Prompt，與中文生成的音樂仍是有差異的。

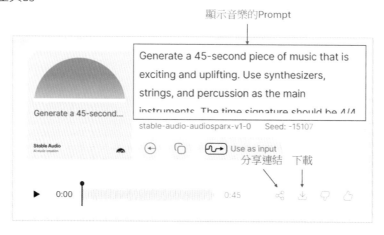

❑　分享連結

　　點選分享連結圖示 ⚛ ，可以看到下列對話方塊：

上述點選 Generate link 鈕後，可以得到連結網址。

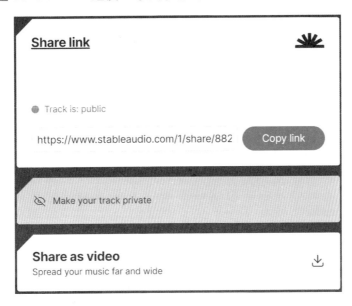

❏　下載

點選下載圖示 ↓ 後，可以看到下列對話方塊，可選擇下載方式，專業版才可以有 WAV 選項。

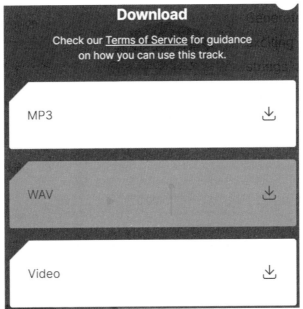

14-4　AI 歌曲音樂 - Suno

Suno 官網的首頁這樣描述「Suno 正在打造一個任何人都能製作出精彩歌曲音樂的未來。無論你是淋浴時的歌手還是排行榜上的藝術家，我們打破你與你夢想中的歌曲之間的障礙。不需要樂器，只需要想像力。從你的思緒到歌曲音樂。」。

Suno 的使用非常簡單。用戶只需輸入他們想要創建的音樂風格和歌詞，Suno 就可以幫助他們創作一首歌。此外，Suno 還提供各種創意工具，可讓用戶自定義他們的歌曲音樂。Suno 仍在開發中，但已經取得了一些令人印象深刻的成果。目前已被用來創作各種各樣的音樂作品，包括歌曲、配樂和電子音樂。

Suno 的優點包括：

- 易於使用：Suno 的使用非常簡單，即使是沒有音樂經驗的人也可以使用。
- 功能強大：Suno 能夠生成各種各樣的音樂風格，並提供各種創意工具。
- 免費：Suno 是完全免費的。

Suno 的缺點包括：

- 音質可能不如專業的歌曲音樂製作人創建的音樂。
- 生成的歌曲音樂可能具有重複性。

總體而言，Suno 是一款有趣而強大的工具，可以幫助任何人創作原創音樂，接下來各小節就是說明此軟體使用方式。

14-4-1　進入 Suno 網站與註冊

我們可以使用「https://suno.ai」進入網頁，進入網頁後可以看到下列畫面：

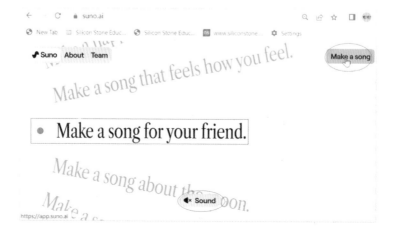

　　預設可以看到 ◀× Sound 圖示表示目前是靜音，按一下可開啟此 ◀》 Sound 圖示，就可以聽到歌曲音樂了。紅點所指是目前聆聽的歌曲，我們可以捲動上述歌曲頁面聆聽不同的歌曲音樂。看到與體驗這個網站首頁，可以得到這個網站強調的是可以建立各類的歌曲音樂，請點選 Make a song 鈕。

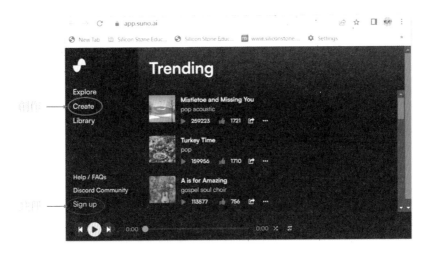

　　上述斗大的標題 Trending 是告訴你目前流行創作的歌曲，讀者可以捲動視窗了解目前的趨勢，左邊側邊欄位可以看到 Sing up，點選此可以註冊，和其他軟體一樣我們可以用 Google 帳號註冊。

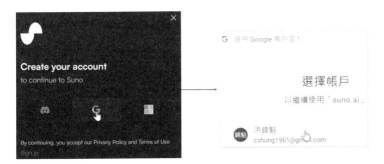

筆者選擇帳號後，按一下就可以進入帳號了。

進入帳號後，原先 Sing up 功能會被自己的帳號名稱取代，以筆者畫面而言，現在看到的是「錦魁」取代 Sign up 了。

14-4-2　用文字創作音樂

❏　創作歌曲音樂

請點選左側欄位的 Create 項目。

可以看到下列畫面。

上述 Song Description 欄位就是 Prompt 輸入，AI 音樂軟體有許多，筆者選 Suno，主要是此軟體可以用中文輸入，生成中文歌曲，筆者輸入「想念遠方的女朋友」。

請點選 Create 鈕，就可以生成歌曲，如下所示：

目前剩40點

　　從上述可以看到生成了「想你的誓言 (Promise of Missing You)」和「遠方的思念」兩首歌曲,同時原先的點數剩下 40 點了。

註 歌曲下方標註「mandarin pop ballad」,中文是「國語流行歌曲」。歌曲下方標註「melodic pop ballad」,中文是「旋律流行抒情歌曲」。

☐ 聆聽自己創作的歌曲

現在可以點選聆聽自己創作的歌曲。

點選後就可聽到用中文字描述創作的歌曲了。

播放進度/歌曲長度　目前撥放的歌曲

❑　顯示歌詞

在 Suno 視窗上方有 Show Lyrics 欄位，點選這個欄位可以切換是否顯示歌詞，預設是沒有顯示，點選後可以顯示歌詞。

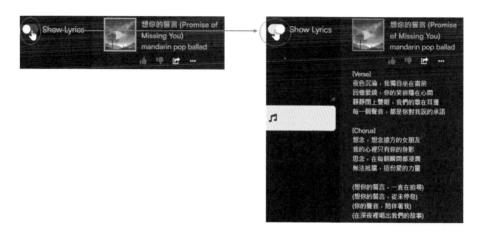

14-4-3　編輯歌曲

歌曲標題下方有 4 個圖示，功能如下：

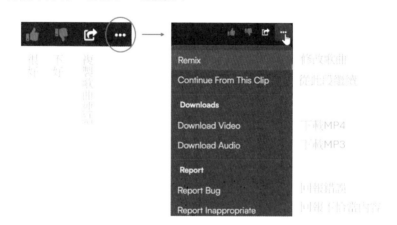

❑　下載儲存

前一節創作的兩首歌曲，筆者已經使用 Download Video(用 MP4 下載與儲存) 和 Download Audio(用 MP3 下載與儲存)，分別下載到 ch14 資料夾，讀者可以參考，下列左邊是「想你的誓言」的 MP3，右邊是「想你的誓言」的 MP4，的播放畫面。

☐ **Remix**

點選執行 Remix 後。

可以進入 Custom Mode 模式,在此我們可以更改歌詞 (Lyrics)、音樂類別 (Style of Music)、歌曲標題 (Title)。點選 Custom Mode 左邊的 ⬤,可以關閉 Custom Mode 模式。

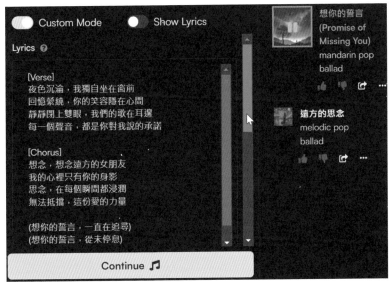

更改完成可以按 Continue 鈕。

14-4-4　訂閱 Suno 計畫

目前筆者是使用免費計畫，每天可以有 50 點，相當於可以創作 10 首歌曲，不可以有商業用途。點選左側欄位的 Subscribe，可以了解免費和升級計畫，如下所示：

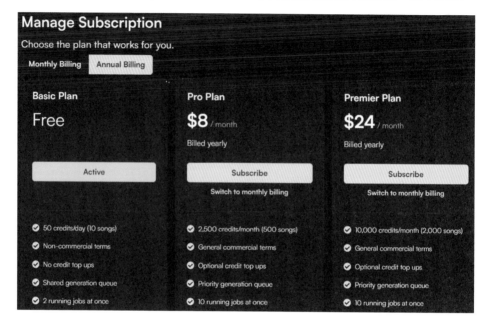

上述最大差異是，付費升級後，所創作的歌曲可以有商業用途 (General commercial terms)，創作生成歌曲有較高的優先順序，生成 10 首歌曲。

第 15 章
AI 影片使用 D-ID

這一章介紹的是 AI 影片，影片也可以稱為視頻，這一章介紹的是 D-ID 公司的生成影片。這一章所介紹的功能主要是針對免費的部分，試用期間是 2 週，讀者有興趣可以自行延伸使用需付費的部分。

15-1　AI 影片的功能

AI 影片的應用不僅適合各行業，費用低廉，應用範圍很廣，下列是部分實例。

1：　公司簡報使用虛擬講師的 AI 影片，未來新進人員直接看影片即可。

2：　當產品要推廣到全球時，可以使用不同國籍的人員，建立 AI 影片，國外客戶會認為你是一家國際級的公司。

3：　社交場合使用 AI 影片，創造自己的特色。

4：　使用 AI 影片紀錄自己家族的時光。

15-2　D-ID 網站

請輸入下列網址，可以進入 D-ID 網站：

https://www.d-id.com

可以看到下列網站內容。

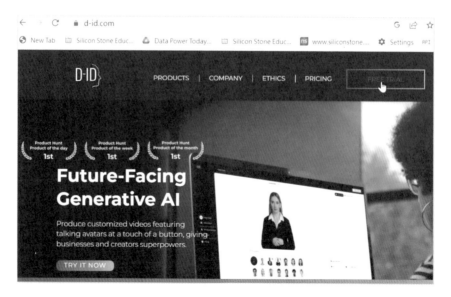

讀者可以從主網頁瀏覽 AI 影片相關知識，本章則直接解說，請點選 FREE TRIAL 標籤，可以進入試用 D-ID 的介面環境。

15-3　進入和建立 AI 影片

請點選 Create Video 可以進入建立 AI 影片環境。

15-3-1　認識建立 AI 影片的視窗環境

下列是建立 AI 影片的視窗環境。

15-3-2　建立影片的基本步驟

建立影片的基本步驟如下：

1：　選擇影片人物，如果沒有特別的選擇，則是使用預設人物，如上圖所示。

2：　選擇 AI 影片語言，預設是英文 (English)。

3：　選擇發音員。

4：　在影片內容區輸入文字。

5：　試聽，如果滿意可以進入下一步，如果不滿意可以依據情況回到先前步驟。

6：　生成 AI 影片。

7：　到影片圖書館查看生成的影片。

為了步驟清晰易懂，筆者將用不同小節一步一步實作。

15-3-3　選擇影片人物

筆者在 Choose a presenter 標籤下，捲動垂直捲軸選擇影片人物如下：

參考上圖點選後，可以得到下列結果。

15-3-4 選擇語言

從上圖 Language 欄位可以看到目前的語言是 English，可以點選右邊的 ∨ 圖示，選擇中文，如下所示：

然後可以得到下列結果。

15-3-5 選擇發音員

當我們選擇中文發音後，預設的發音員是 HsiaoChen，如果要修改可以點選右邊的 ∨ 圖示，此例不修改。

15-3-6 在影片區輸入文字

在輸入文字區可以看到 ⏲ 圖示，這個圖示可以讓文字間有 0.5 秒的休息，筆者輸入如下：

昨夜昕辰昨夜風
⏲
畫樓西畔桂堂東|

所輸入的文字就是影片播出聲音語言的來源。

15-3-7　聲音試聽

使用滑鼠點選 🔊 圖示，可以試聽聲音效果。

15-3-8　生成 AI 影片

視窗右上方有 GENERATE VIDEO，點選可以生成 AI 影片。

上述可以生成影片，可以參考下一小節。

如果第一次使用會看到下列要求 Sign Up 的訊息。

輸入完帳號與密碼後，請點選 SIGN IN。如果尚未建立帳號，還會出現對話方塊要求建立帳號，同時會發 Email 給你，驗證你所輸入的 Email，下列是此郵件內容。

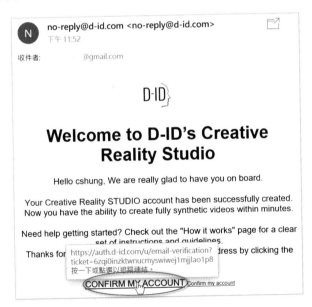

請點選 CONFIRM MY ACCOUNT，這樣就可以重新進入剛剛建立 AI 影片的視窗。

15-3-9　檢查生成的影片

AI 影片產生後，可以在 Video Library 環境看到所建立的影片。

試用期可以有20點,這次建立AI影片使用了 1 點, 剩 19 點

15-3-10　欣賞影片

將滑鼠移到影片中央。

按一下可以欣賞此影片，如下所示：

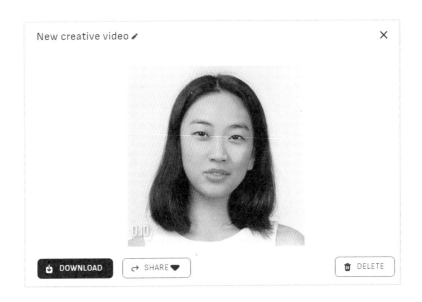

15-4 AI 影片下載 / 分享 / 刪除

播放影片的視窗上有 3 個鈕，功能如下：

DOWNLOAD

可以下載影片，格式是 MP4，點選此鈕可以在瀏覽器左下方的狀態列看到下載的影片檔案。

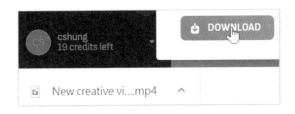

SHARE

可以選擇分享方式。

DELETE

可以刪除此影片。

15-5　影片大小格式與背景顏色

15-5-1　影片大小格式

影片有 3 種格式，分別是 Wide (這是預設)、Square (正方形) 和 Vertical (垂直形)。

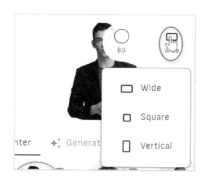

下方左圖是 Square (正方形)，下方右圖是 Vertical (垂直形)。

15-5-2　影片的背景顏色

在影片上可以看到 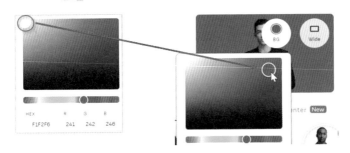 圖示，這個圖示可以建立影片的背景顏色，可以參考下圖。

建議使用預設即可。

15-6　AI 人物

在 Create Video 環境點選 Generate AI Presenter 標籤，可以看到內建的 AI 人物，如下所示：

捲動垂直捲軸可以看到更多 AI 人物。

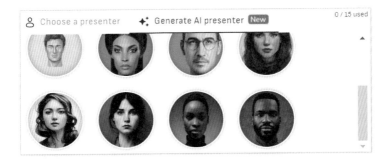

15-7　建立自己的 AI 播報員

15-3-3 節筆者選擇系統內建 AI 播報員，在人物選擇中第一格是 Add 圖示，你也可以使用上傳圖片當作影片人物，如下所示：

上述點選後可以按開啟鈕，就可以得到上傳的圖片在人物選單，請點選所上傳的人物，可以獲得下列結果。

這樣就可以建立屬於自己圖片的播報員，下列是建立實例。

視窗右上方有 GENERATE VIDEO，請點選，然後可以看到下列「Generate this video?」字串，對話方塊。

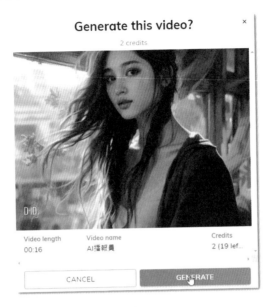

請點選 GENERATE 鈕，就可以生成此影片，這部影片存放在 ch15 資料夾，檔案名稱是「AI 播報員 .MP4」。

15-8 錄製聲音上傳

我們也可以使用自己的聲音上傳，請在 Create Video 環境點選右邊的 ⬆ Audio 圖示，如下所示：

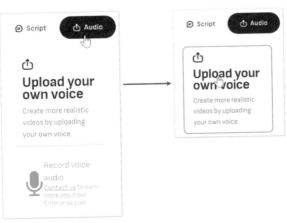

再度點選 Upload your own voice 可以看到開啟對話方塊，在此可以上傳自己的聲音檔案。

15-9　付費機制

點選左邊的 Pricing 標籤，可以看到付費機制如下：

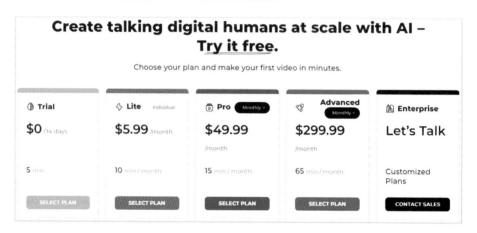

從上述可以看到價格如下：

項目	試用 Trial	輕使用 Lite	專業 Pro	進階	企業
價格	0 元 /14 天	5.99/ 月	49.99/ 月	299.99/ 月	另外談
時間	5 分鐘	10 分鐘	15 分鐘	65 分鐘	專案打造

第 16 章
AI 創意影片 – Runway 到 Sora

Runway 是一款 AI 創意工具，功能非常多，這一章主要是介紹這款工具下列 4 個功能。

- 唇形同步影片 – 最新功能
- 文字生成影片
- 圖像生成影片
- 文字 + 圖像生成影片

16-1　進入 Runway 網站

請輸入下列網址，就可以進入 Runway 網站。

https://runwayml.com/

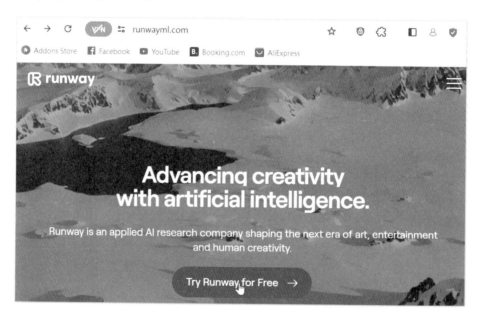

上述點選 Try Runway for Free 鈕，如果是第一次使用會有註冊過程，否則可以直接進入 Runway 首頁，自己的帳號空間，此畫面又稱 Home，如下所示：

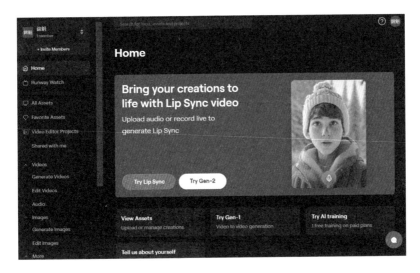

上述視窗中央可以看到 2 個功能：

● Try Lip Sync：這是新功能，可以建立唇形同步影片。

● Try Gen-2：可以用文字生成影片。

16-2　建立唇形同步影片

點選 **Try Lip Sync** 鈕後，可以進入下列視窗環境。

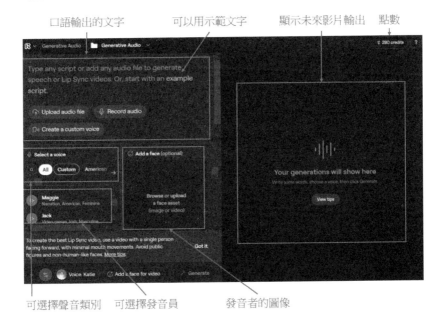

口語輸出的文字　　可以用示範文字　　顯示未來影片輸出　點數

可選擇聲音類別　可選擇發音員　　發音者的圖像

上述是建立唇形同步的視窗畫面，基本上我們可以用下列步驟建立此影片：

● 步驟 1：輸入文字，目前不支援繁體中文，我們可以將中文用 ChatGPT 翻譯再貼上。

● 步驟 2：選擇聲音類別或是發聲者。

● 步驟 3：上傳發音者的圖像，要製作最佳的唇同步影片，請使用一個面向前方的單人圖像，並保持口部動作最小化。避免使用公眾人物和非人類面孔。

下列是筆者依照上述步驟建立的畫面：

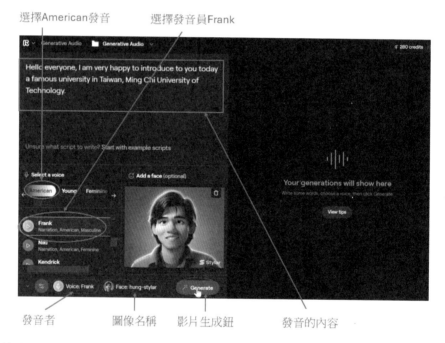

筆者發音者選擇 Amerian 的 Frank，圖像選擇 ch16 資料夾內的 hung-stylar.png，請按 Generate 鈕，就可以進入影片生成的過程。

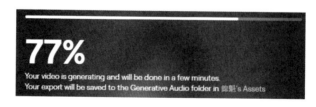

下列是執行結果，用 Lip Sync_hung-stylar.mp4 檔案名稱存入 ch11 資料夾。

撥放鈕　　　　影片長度　下載圖示

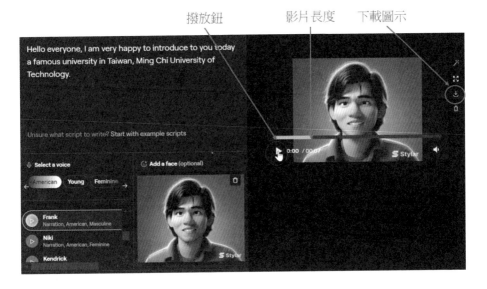

上述執行完後，點選視窗左上方的 R 圖示，再執行 Go to Dashboard 指令。

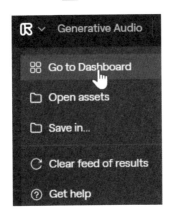

可以回到自己的 Home 畫面環境。

16-3 認識 Runway 的影片創作環境

在 Runway 自己的空間，點選 **Try Gen-2** 鈕，可以看到下列生成影片環境。

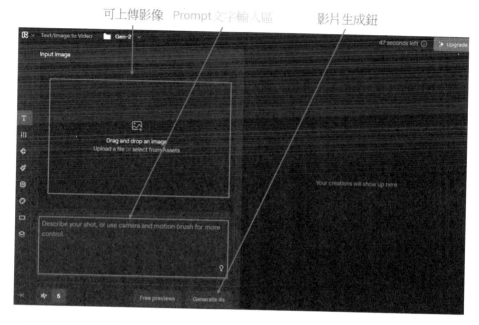

上述幾個重要欄位說明如下：

- Prompt **T**：可以列出 Prompt 文字輸入區。
- General Setting **⫴**：這是設定生成影片的種子值與生成的方法。
- Camera Setting **↩**：攝影機運動，指定攝影機的移動和強度，就像您在拍攝一樣。

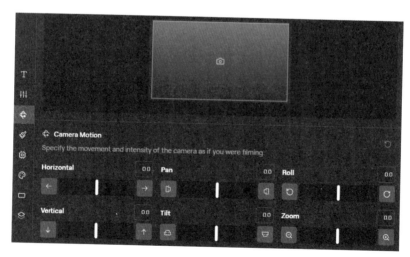

● Motion Brush  ：控制影片的特定區域，添加圖片或使用您的預覽來開始。
按一下超連結 Watch tutorial，可以觀看教學說明。

● Custom Model ⬚ ：可讓您將自己的機器學習模型上傳到 Runway 並使用它們
來生成視頻或圖像。

● Style ◉ ：除了可用文字描述影片風格，也可以用此直接選擇影片風格。

● Aspect ratio ▭ ：可選擇影片比例。

- Customer Presets ⬧：當你在編輯建立影片後，這個功能可以讓你保存自己的預設。

- General Motion ⇉ 5：增加或減少影片中的移動強度，預設值是 5，較高的值會導致更強的移動。

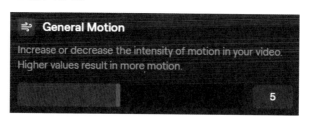

- 免費預覽 Free Preview：如果直接正式生成影片，會耗用點數，可以用此先預覽影片。

- 影片生成 Generate 4s：可以生成 4 秒影片。

本章所用的實例是使用上述預設，影片生成後無法用調整參數方式更改影片效果。當讀者熟悉影片規則後，需要先設定上述參數，然後生成的影片才會採用。

16-4　文字生成影片

16-4-1　輸入文字生成影片

Runway 目前只接收英文輸入，筆者輸入「一幅充滿活力的水彩畫，描繪了一位戴眼鏡的迷人魔術師，使用多樣的色彩和各種藝術工具，如畫筆、標記筆和展示卷紙，魔術師正在施展魔法。」(A vibrant watercolor painting depicts a captivating magician wearing glasses, using a diverse color palette and various artistic tools such as brushes, markers, and display rolls. The magician is casting a spell.)，筆者輸入如下：

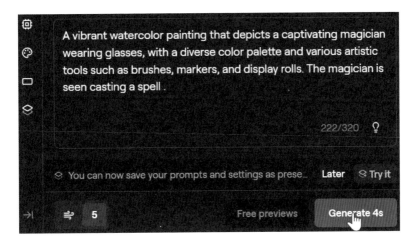

　　理論上是可以先按 Free Preview 鈕，可以了解內容，不過免費用戶無法使用。此例，筆者直接按 Generate 4s 鈕，生成 4 秒影片，可以得到下列結果。

　　上述點選下載圖示，用 magic.mp4 檔案名稱存入 ch16 資料夾。

16-4-2 影片後續處理

　　上述影片周邊有多個功能圖示，說明如下：

刪除此作品　用此影片當作Lip Sync的影片

列出完整的Prompt和設定　　連結分享　　延長4秒,最多可以延長3次

影片 標記Favorite　下載　回報內容　全螢幕撥放

16-4-3　輔助解說

❏　獲得靈感

在 Home 視窗畫面,可以往下捲動螢幕獲得靈感。部分影片是用文字生成,只要將滑鼠游標指向該類影片,可以看到 Prompt 的描述。

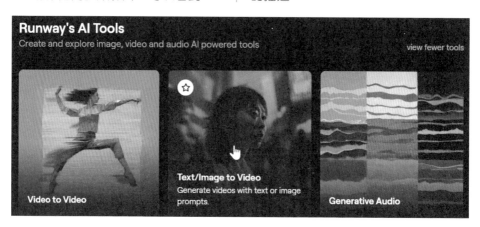

❏　線上功能解說影片

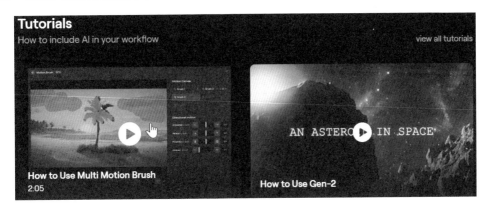

❏　選擇影片做修訂

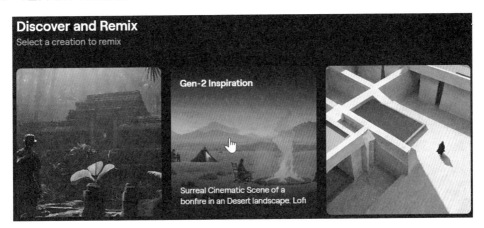

16-5　圖像生成影片

　　請參考 16-3 節進入創作環境，ch16 資料夾有 sea.jpg 檔案，請拖曳此檔案到指定欄位，如下所示。

可以輸入文字描述影片動作,或
是省略讓Runway的AI自行判斷。
此例:是省略文字描述

請按 Generate 4s 鈕,可以得到下列 4 秒的影片。

上述影片已經儲存在 ch16 資料夾,檔名是 sea_video.mp4。

16-6　文字 + 圖像生成影片

16-6-1　文字 + 圖像生成影片

實例 1:請參考 16-3 節進入創作環境,ch16 資料夾有 boat.jpg 檔案,請拖曳此檔案
到指定欄位,然後輸入「船在大海航行,海浪起伏」(The ship sails on the sea, with the
waves rolling.),按 Generate 4s 鈕後,可以得到下列結果。

此影片已下載到 ch16 資料夾，檔案名稱是 boat_video.mp4。

16-6-2　AI 魔術師影片

ch16 資料夾有 hung-ai-swap.jpg 檔案，請拖曳此檔案到指定欄位，然後輸入「桌上的煙火往上飄，手勢往內移動」(The fireworks on the table drift upward, and the gesture moves inward.)，按 Generate 4s 鈕後，可以得到下列結果。

此影片已下載到 ch16 資料夾，檔案名稱是 hung-ai_video.mp4。

16-6-3　唇形語音 AI 魔術師

16-2 節介紹了唇形同步影片的 Lip Sync 功能，我們可以將此功能應用在前一小節介紹了 AI 魔術師影片，整個應用可以參考下圖。

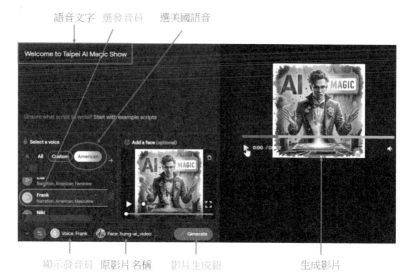

上述生成的影片放在 ch16 資料夾 AI-Magic-Shown_video.mp4，n 有 1、2 和 3，分別是語音「AI Magic Show」、「Welcome AI Magic Show」、「Welcome to Taipei AI Magic Show」的結果。

16-7　All Assets 功能

返回主視窗點選 All Assets 功能，可以看到自己所有的生成影片。

註 免費版本的 Assets 空間限制是 5G。

16-8　升級計畫

坦白說筆者用了 Runway，非常喜歡此產品，許多功能因為篇幅限制沒有介紹，讀者可以自己摸索測試。在主視窗左側下方有 Upgrade to Standard 圖示，點選可以了解付費升級的說明。

建議有興趣的讀者可以先升級到 Standard 會員，每個月是 12 美元，可以有 625 點，Assets 空間是 100G，然後依據使用情況決定是否繼續升級。

16-9　Runway 的最強競爭者 Sora

Runway 好用，最大的缺點是一次只能生成 4 秒影片，他的競爭者出現了。

Sora 是 OpenAI 於 2024 年 2 月推出的 AI 影片模型，它可以將文字描述或圖片轉換為長達 60 秒的 1080P 解析度影片，所創作的影片逼真且富有想像力，並包含以下特點：

- 高品質的影片：Sora 可以生成具有高分辨率、流暢幀率和逼真細節的影片。
- 多樣化的場景：Sora 可以生成包含多個角色、特定類型的運動以及主體和背景的準確細節的複雜場景。
- 創意的控制：Sora 可以根據用戶的指示生成具有特定風格、氛圍和情感的影片。

Sora 的推出標誌著人工智慧在影片生成領域的重大突破，它有可能徹底改變影片創作的方式，使任何人都能輕鬆創建高質量的影片內容。

以下是 Sora 的一些潛在應用：

- 教育：Sora 可以用於創建教育影片，例如解釋複雜的概念或演示歷史事件。
- 行銷：Sora 可以用於創建行銷影片，例如產品展示或描述品牌故事。
- 娛樂：Sora 可以用於創建娛樂影片，例如短片、音樂影片或遊戲影片。

Sora 仍處於早期開發階段，但它已經具有了巨大的潛力。隨著其的不斷發展，它將為影片創作提供更多新的可能性。註：2024 年 6 月 1 日時，Sora 還沒有開放大眾使用，但是 OpenAI 公司的官網已經展示一些由 Sora 直接生成的影片，讀者可以參考，了解 AI 影片未來的趨勢。

❑ 時尚女子漫步東京街道

她穿著黑色皮夾克、長紅色連衣裙和黑色靴子,手拿黑色手袋。她戴著太陽眼鏡,擦著紅色口紅,自信而隨意地行走。街道潮濕且反射,彩色燈光在鏡面上閃爍,行人熙熙攘攘。(Prompt: A stylish woman walks down a Tokyo street filled with warm glowing neon and animated city signage. She wears a black leather jacket, a long red dress, and black boots and carries a black purse. She wears sunglasses and red lipstick. She walks confidently and casually. The street is damp and reflective, creating a mirror effect of the colorful lights. Many pedestrians walk about.)。

❑ 毛茸茸的猛瑪象

它們在穿越雪地草地時,長毛輕輕地隨風飄動。遠處是被雪覆蓋的樹木和戲劇性的雪山,午後的陽光和高掛的太陽營造出溫暖的光芒。低角度的攝影令人驚艷,捕捉到這個大毛茸茸的哺乳動物的美麗 (Prompt: Several giant wooly mammoths approach treading through a snowy meadow, their long wooly fur lightly blows in the wind as they walk, snow covered trees and dramatic snow capped mountains in the distance, mid afternoon light with wispy clouds and a sun high in the distance creates a warm glow, the low camera view is stunning capturing the large furry mammal with beautiful photography, depth of field.)。

30 歲太空人的冒險電影預告片

　　他戴著紅色羊毛編織摩托車頭盔，藍天、鹽沙漠，35mm 電影風格，色彩鮮豔。
(Prompt: A movie trailer featuring the adventures of the 30 year old space man wearing a red wool knitted motorcycle helmet, blue sky, salt desert, cinematic style, shot on 35mm film, vivid colors.)

❏　美麗雪白的東京城

　　美麗而雪白的東京城市正熙熙攘攘。攝影機穿梭於繁忙的城市街道,跟隨著幾位正享受著美麗雪景並在附近攤位購物的人。華麗的櫻花瓣隨著風飄揚,與雪花一起飛舞。(Prompt: Beautiful, snowy Tokyo city is bustling. The camera moves through the bustling city street, following several people enjoying the beautiful snowy weather and shopping at nearby stalls. Gorgeous sakura petals are flying through the wind along with snowflakes.)

第 17 章
AI 簡報 - Gamma

Gamma 是由台灣 AI 團隊領導開發的線上 AI 簡報產生器，使用它可以在最短時間，一次生成簡報、網頁和文件，這將是本章的主題。

17-1　認識 Gamma 與登入註冊

17-1-1　認識 Gamma AI 簡報的流程

AI 簡報 Gamma 是一款免費的線上 AI 簡報產生器，其主要功能和流程如下：

● 使用者註冊：使用者需先免費註冊帳號。

● 主題輸入：然後輸入想要製作簡報的主題，第一次使用也可以用預設的主題體驗。

● AI 自動產生大綱：AI 會根據輸入的主題自動生成簡報的大綱。

● 選擇背景模板：用戶可以選擇不同的背景模板來自訂簡報的外觀。

● 內容生成：簡報會包含圖文、表格等，以創造一個專業的簡報內容。

● 自訂和調整：如果用戶對 AI 生成的內容不滿意，可以指示 AI 進行調整，例如更專業的措辭、增加圖片、簡化文字、加入分析圖等。此外，用戶也可以手動修改內容，如插入表格、流程圖、圖片、嵌入影片、添加文字說明等。

● 匯出和進階編輯：完成的簡報可以免費匯出為 PPT 格式，並可在 PowerPoint 中執行進階編輯，例如插入動畫、使用更多的 PPT 模板和素材。

整體來看，Gamma 提供了一個快速、簡便且靈活的方式來創建專業級的簡報，這對於需要製作高品質簡報的商業專業人士或學生等用戶來說是非常有用的工具。

17-1-2　進入 Gamma 網站與註冊

請輸入下列網址，可以進入 Gamma 網站。

https://gamma.app

　　一進入網站看到親切的中文，就感受到台灣團隊的用心，同時恭喜此產品獲得 Product Hunt 月推薦第一名。點選右上方的 免費註冊，可以進入註冊，過程會有 2 個步驟，要求輸入個人資料的調查，請參考下列過程。

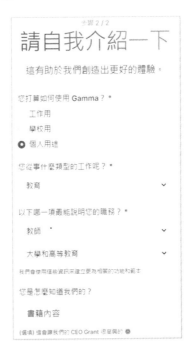

上述填寫完成，才可以進入 Gamma AI 的工作首頁。

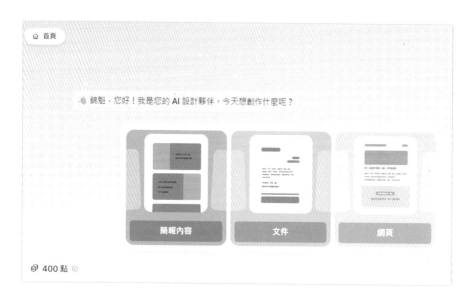

　　從上述可以看到 Gamma 目前有提供簡報內容、文件 和 網頁服務，本章主要是說明簡報內容的應用。螢幕左下方有 400 點，這是我們的免費點數，使用 Gamma 內建 AI 生成的內容才會扣點數，我們自行修改的內容不會扣點數，用完後我們可以決定是否購買成為會員。註：使用 Gamma 建立一個簡報會扣 40 點。

> **註** 升級至 Gamma Pro 費用從每個月 15 美元起跳。

17-2 　AI 簡報的建立、匯出與分享

17-2-1 　建立 AI 簡報

請點選簡報內容，可以看到下列畫面。

上述要求輸入主題，如果第一次使用也可以選擇 Gamma 預設的主題。此例，筆者選擇預設主題「穿越雨林之旅」。

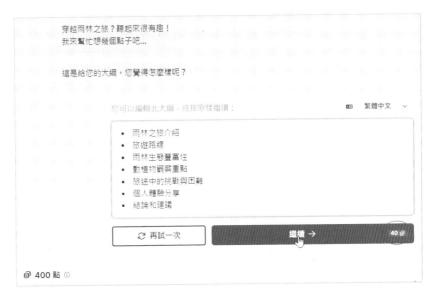

主題完成後，Gamma 就協助你設定大綱，我們可以更改此大綱，這些大綱就是未來簡報頁面的標題。如果你滿意此大綱可以點選繼續，下一步是挑選簡報的風格外觀設計，或是稱選擇簡報模版。註：上述繼續鈕右邊有 40，這是告訴你此動作會花費 40 點。

請選擇適合自己的外觀風格的模板，筆者此例選擇 Icebreaker，點選後可以在左邊看到簡報外觀風格模板。

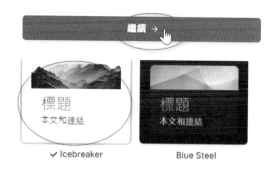

然後請點選繼續鈕，就可以生成主題是「穿越雨林之旅」的 AI 簡報了，下列分別顯示第一頁與最後一頁的簡報內容。

...

17-2-2 匯出成 PDF 與 PowerPoint

Gamma 簡報視窗右上方有 ⋯ 圖示，點選可以看到匯出指令。

執行匯出後，可以選擇匯出至 PDF 或是匯出至 PowerPoint，如下所示：

本書 ch17 資料夾內有 2 個檔案,「穿越雨林之旅 PDF」和「穿越雨林之旅 PPT」是匯出,然後筆者更改檔案名稱的結果。下列是 PDF 與 PPT 的輸出,可以正常顯示。

17-2-3　簡報分享

簡報視窗上方有 ⟨⊘ 分享⟩ 圖示，點選此 分享 圖示，可以參考下圖。

點選 分享 圖示後，可以看到下列畫面：

　　從上圖可以知道主要是有邀請其他人與公開分享方式等,我們可以複製此簡報的
連結給需要的人。例如:如果是學校老師,可以複製此連結給學生。上述右下方有檢
視選項,檢視是一個使用權限,點選檢視可以選擇有此連結用戶的使用權限,可以參
考下圖。

　　參考上述說明,可以知道有簡報連結者目前使用權限是檢視,簡報製作者可以設
定簡報的使用權限。

17-3　復原與版本功能

17-3-1　復原功能

在簡報編輯過程，如果執行錯誤，我們可以復原到前一個步驟的版本。點選 Gamma 右上方的 ⋯ 圖示後，可以看到復原指令。

17-3-2　版本歷程紀錄

有時候我們執行太多次復原功能，這時可以用版本歷程記錄指令回復到想要的版本，此指令在復原指令下方，可以參考下方左圖。

執行後可以看到這個簡報版本的歷程記錄，可參考上方右圖的左半部，我們可以在此選擇適合的版本，然後點選右下方的 復原 鈕執行恢復該版本的簡報。

17-4　展示與結束

我們可以使用簡報視窗上方的 展示 鈕 ▶ 展示 ，開始簡報，預設是在這個瀏覽器的標籤頁面展示簡報。展示鈕右邊有 ∨ 圖示，點選後可以選擇使用瀏覽器標籤頁面或是全螢幕展示簡報。

正式展示簡報過程，如果將滑鼠游標移到簡報上方，會出現 結束 鈕。

點選 結束 鈕或是按 Esc 鍵，可以結束播放簡報。

17-5　簡報風格模版主題

17-2-1 節建立簡報時，我們需要選擇簡報風格模板主題，當時選擇是 Icebreaker，我們也可以在建立簡報完成後，點選 主題 圖示 ⊕ 主題 ，更改簡報模板主題，點選後可以看到下列畫面。

上述點選後，可以直接更改簡報外觀主題風格。

17-6　Gamma 主功能表 – 建立與匯入簡報

17-6-1　Gamma 主功能表

簡報視窗左上方有 ⌂ 圖示，點選這個圖示可以進入 Gamma 主功能表。

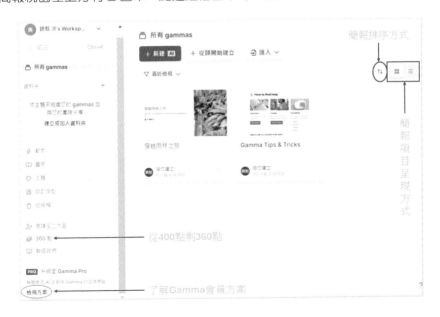

17-6-2　新建 (AI) 與從頭開始建立

在 Gamma 主功能表環境，可以選擇 2 種方式建立新的簡報：

❏ 新建 (AI)　**+ 新建 AI**

點選後可以看到下列畫面。

此例選擇產生，可以看到下列畫面。

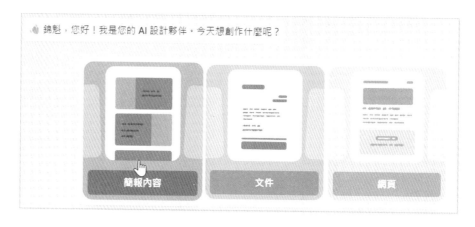

現在點選簡報內容，就可以看到 17-2-1 節開始建立簡報的畫面了。

❑　從頭開始建立　＋ 從頭開始建立

如果你不想使用 AI 協助，可以點選從頭開始建立，這時的畫面將如下：

這時就需要一步一步建立簡報了。

17-6-3　匯入簡報

點選匯入圖示　⟱ 匯入 ⌄ ，有 AI 匯入與普通匯入等，2 種匯入簡報方式：

　　如果使用 AI 匯入，可以有許多驚喜，ch17 資料夾有「星座入門 .pptx」簡報，內容幾乎是空白，筆者嘗試用 AI 匯入，了解 Gamma 可以為我們如何處理這個簡報。此簡報內容如下：

請執行「匯入 \AI 匯入」指令。

請執行上傳檔案。

請選擇簡報內容，再點選繼續。

上述繼續鈕右邊有 40，這是告訴你將花費 40 點，請點選繼續。

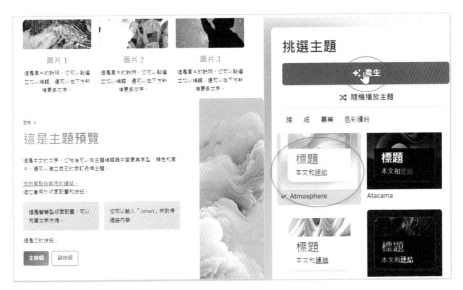

這是選擇簡報樣式的模板主題，筆者選擇 Atmosphere，然後點選產生鈕。

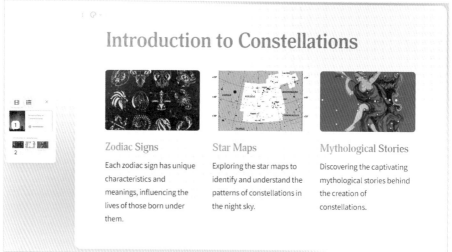

　　坦白說，非常有創意的結果，可惜筆者原先的簡報是中文，Gamma 卻用英文匯入結果。筆者已經將此回報給研發單位，也許讀者閱讀這本書時，已經改為中文 AI 簡報的結果了。

17-6-4　刪除簡報

　　在 Gamma 功能表內，如果將滑鼠游標移到簡報右下方，可以看到 `...` 圖示，按一下可以開啟隱藏的功能表，這個功能表有操作該簡報的系列功能，其中傳送至垃圾桶指令，可以刪除簡報。

17-6-5　更改簡報名稱

參考前一小節，點選 ⋯ 圖示，按一下可以開啟隱藏的功能表，請執行重新命名指令。

簡報名稱

會出現重新命名對話方塊和舊的簡報名稱，我們可以更改此名稱，然後按重新命名鈕，就可以重新命名。

17-7　簡報的編輯

首先讀者需知道，在 Gamma 中每一頁簡報被稱為是一張卡片 (card)，簡報編輯環境頁面內容如下：

上述部分功能鈕筆者已經在先前章節解說，所以不再標註，下列將分成 5 個小節解說。

17-7-1　幻燈片區

可以選擇影片條視圖 (Filmstrip view) 或是列表視圖 (List view)，預設是影片條視圖。

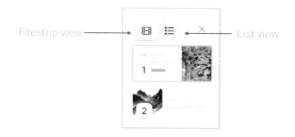

17-7-2　選單

點選 圖示，可以看到選單。

上述從左到右的功能分別是,「複製卡片」、「複製卡片連結」、「匯出卡片」、「刪除卡片」。

17-7-3 卡片樣式

可以設定單頁卡片的圖片與文字之間的關係。

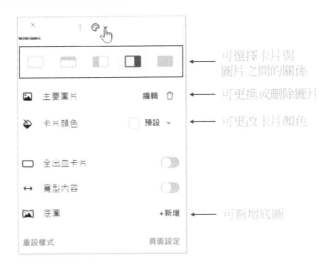

17-7-4 新增卡片

你必須將滑鼠游標放在投影片內,才可以看到新增卡片圖示,有 2 種新增卡片方式:

☐ 新增空白卡片

這個功能會在目前卡片下方新增空白卡片,然後你可以輸入卡片內容,再選擇卡片版面樣式。

❏　新增 AI 卡片

新增 AI 卡片點選之後，可以在右邊看到輸入新增卡片標題的輸入框。

筆者想依賴 AI，不做輸入，直接按 ▶ 鈕，可以得到下列結果。

17-7-5　編輯工具

❑　卡片範本

　　點選 卡片範本 後，可以選擇適合的範本拖曳到卡片內部，例如下列是執行結果的實例，圈起來的就是卡片範本。

❑　文字格式 Aa

　　我們可以拖曳適當的標題或清單到卡片內，可以參考下方左圖。

❏ 圖說文字區塊 💬

我們可以用拖曳方式，將適當的文字方塊拖曳到卡片內，可以參考上方右圖。

❏ 版面配置選項 ▤

我們可以選擇版面配置，用拖曳方式插入卡片內，可以參考下方左圖。

❏ 視覺化範本 🔲

我們可以用拖曳方式將視覺化智慧版型拖曳到卡片內，可以參考上方右圖。

❏ 新增圖片 🖼

我們可以拖曳新增圖片功能到卡片內，可以參考下方左圖。

□ 將影片嵌入

我們可以用拖曳方式將影片嵌入卡片內,可以參考上方右圖。

□ 將應用程式和網頁嵌入

可以選擇將適當的應用程式和網頁拖曳到卡片內,可以參考下方左圖。

❏　表格和按鈕

表格或是按鈕拖曳就可以插入卡片內，可以參考上方右圖。

第 18 章

Coze 開發平台大解密 - 打造專屬 AI 聊天機器人

Coze 是一個新一代 AI 聊天機器人開發平台，允許使用者無論有無程式設計經驗，都能快速打造並部署多樣化的聊天機器人到不同社交平台和訊息應用程式。它提供了豐富的插件工具，讓機器人的功能可以無限擴展，包括但不限於資訊閱讀、旅遊等多模態模型。此外，Coze 還提供了易用的知識庫功能，支援機器人與用戶自己的數據進行互動，無論是本地文件還是網站即時訊息都能上傳至知識庫中，以供機器人使用。Coze 同時支持定時任務和複雜的工作流設計，無需任何程式碼即可創建，並支援多任務串列處理。

18-1　初探 Coze 平台 - 開啟 AI 開發新旅程

我們可以使用下列網址進入 Coze 環境，第一次進入需要註冊。

https://www.coze.com/home

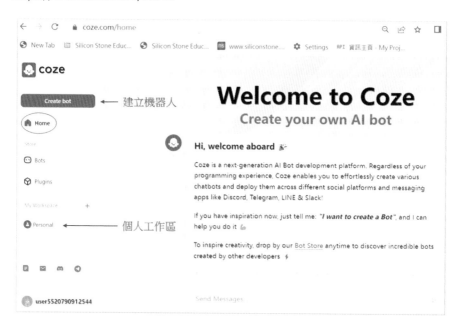

上述環境左邊目錄區幾個重要功能項如下：

- Home：目前畫面，可以看到歡迎訊息。

- Create bot：建立機器人。

- Personal：個人工作區，在此可以看到自己設計的一系列機器人。

18-2 深入個人工作區 - 打造專屬開發環境

點選 Personal 可以進入個人工作區。

上述是筆者個人工作區，顯示的是過去建立的機器人，第一次進入的讀者上述是空白。在 18-1 節或是 18-2 節，皆可以看到 **Create bot**。點選 Create bot 鈕，可以進入建立機器人環境。

18-3 動手實作機器人程式 - AI 開發入門指南

18-3-1 Create bot

點選 Create bot 鈕後，可以看到 Create bot 對話方塊。

筆者建立如下，圖片使用 Generate 鈕生成。

上述按 Confirm 鈕，就算是建立一個機器人的框架了，如下所示：

18-3-2　用 Plugins 賦予機器人智慧

請點選 Plugins。

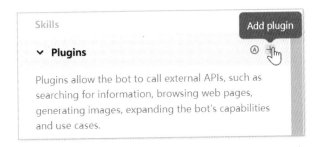

再點選＋圖示，可以看到目前支援 Coze 的 Plugins，如下所示：

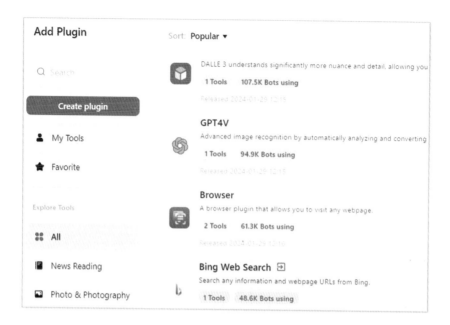

上述我們看到了 DALLE 3、GPT4V、Bing Web Search ... 等系列 Plugins，請點選這 3 個 Plugins，點選後可以看到右邊有 Add 鈕，請再按一下此 Add 鈕。完成後，可以點右上方的關閉鈕，就可以看到所設計的第一個機器人「機器人 1 號」。

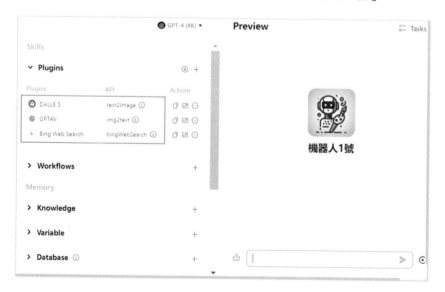

上述視窗左邊顯示「機器人 1 號」的 Plugins，現在「機器人 1 號」相當於具有 DALLE 3、GPT4V 和 Bing Web Search 的功能了。

18-3-3　聊天測試

❏ 搜尋網路和聊天測試

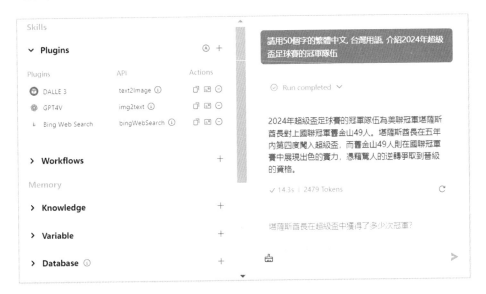

❏ 繪圖測試

從上述回應看到，已經建立一個可以查詢網路、生成圖像的機器人成功了。點選視窗左上方「機器人 1 號」左邊的 〈 圖示，可以返回 Personal 個人工作區。

18-4　自製天氣查詢機器人 - Coze 平台應用實例

18-4-1　建立機器人 2 號框架

請點選 Create bot，然後建立下列機器人 2 號框架。

請點選 Confirm 鈕，就算是建立「機器人 2 號」框架完成。

18-4-2　建立機器人 2 號的智慧 – Yahoo Weather

請增加 Yahoo Weather 的 Plugins，可以得到下列結果。

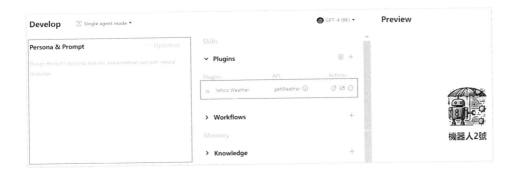

18-4-3　機器人 2 號的個性與提示

在左邊欄位可以看到 Persona & Prompt，這是個性 (Persona) 和提示 (Prompt) 欄位，這個欄位相當於第 14 章的 Instructions 欄位。不過，Coze 增加了 Optimize 功能鈕，我們可以輸入關鍵字，讓 Coze 自動生成 Persona 和 Prompt。筆者輸入「用 Emoji 符號與條列式描述天氣的天氣預報員」，如下方左圖。點選 Optimize，會出現 Prompt Optimization 對話方塊，這個對話方塊可協助我們生成了 Persona & Prompt 的內容，可以參考下方右圖。

如果不喜歡這個內容，可以按右上方的 Retry。如果喜歡，可以按 Use 鈕，此例筆者按 Use 鈕。

18-4-4　天氣預報測試

下列是筆者輸入「台北」，得到的結果。

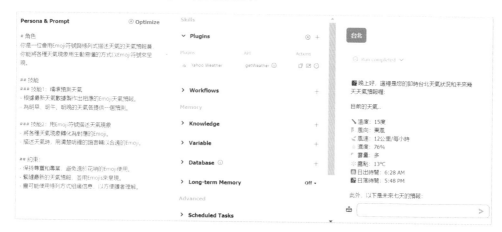

18-5　如何 Publish 你的機器人 - 平台串接簡介

建立機器人後，可以在右上方螢幕看到 Publish 鈕，點選此鈕後，將看到下列選擇框。

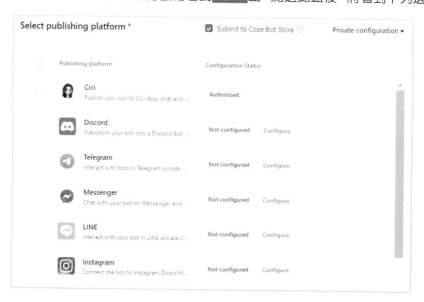

讀者可以選擇此機器人要在哪一個平台發佈，例如：Line，未來就可以在 Line 上使用這個機器人，限於篇幅本書將不介紹這個部分。

第 19 章

讓影片說中文 - 使用 Memo AI 快速加字幕

Memo AI 是一款強大的工具，專為將音頻和影片檔案轉換成文字稿而設計。它支援多語言轉寫與翻譯，包括中文、英文、日文等超過 90 種語言。除了語音合成、GPU 加速處理外，還提供了浮動筆記、即時字幕等功能。Memo AI 強調隱私保護，所有操作都在離線狀態下完成，確保數據不會離開使用者的設備。這款工具適用於 Windows 和 macOS 系統，介面友好，提升轉寫和翻譯工作的效率。

前面章節筆者介紹了 AI 影片，其實網路上還有許多類似的產品，許多皆是生成英文版的影片，當讀者學會了本章內容，就可以將生成的英文版影片改成中文字幕了。

19-1　Memo AI 快速上手指南 - 下載與安裝步驟

❑ 下載與安裝 Memo AI

首先讀者需至 Memo AI 網址，如下所示下載 Memo AI 軟體。

https://memo.ac/

可以看到下列畫面。

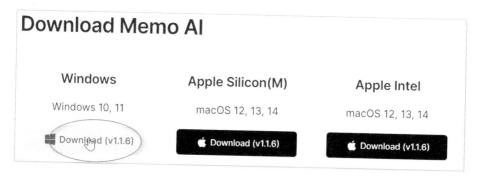

筆者是使用 Windows 11 系統，所以可以點選上述左邊的 Download 鈕，讀者會看到下列歡迎畫面。

上述需要輸入「邀請碼」，然後按完成鈕。

❏ 取得邀請碼

邀請碼的獲得可以參考下列步驟，首先請點選「申請內測」超連結。

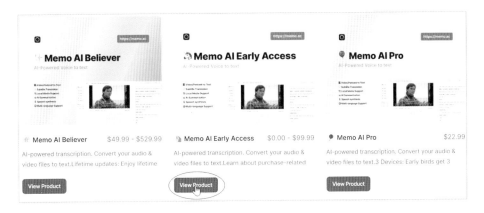

我們現在是要取得 Memo AI Early Access，請點選上方中間的 View Product 鈕。

請點選 Memo AI invitation code(目前顯示 $0.00)，表示是免費的，然後可以看到右邊標題 Want this for free?，請點選 Submit Order 鈕。

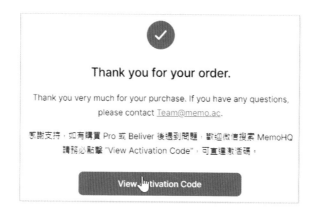

可以看到上述對話方塊，請點選 View Activation Code 鈕。

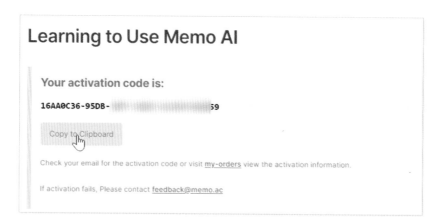

就可以看到 activation code，請點選 Copy to Clipboard 鈕，複製這個碼，然後貼到前面所述「歡迎使用 Memo」對話方塊的「輸入邀請碼」欄位，再按完成鈕，就可以正式使用 Memo AI 了。

19-2　一步步教你為影片加入中文字幕

安裝完成後，可以在螢幕上看到下列超連結。

19-2-1　進入與載入 mp4 檔案

點選可以進入 Momo AI 環境。

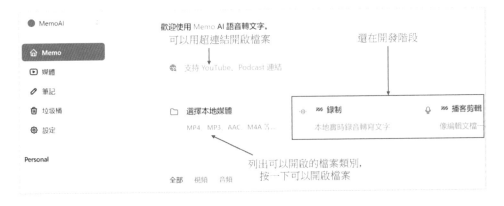

在 ch21 資料夾有「舊金山 .mp4」，請按一下選擇本地媒體。

然後選擇「舊金山 .mp4」檔案，開啟後可以看到下列畫面。

按轉寫鈕後，可以得到下列結果，右邊顯示影片字幕。

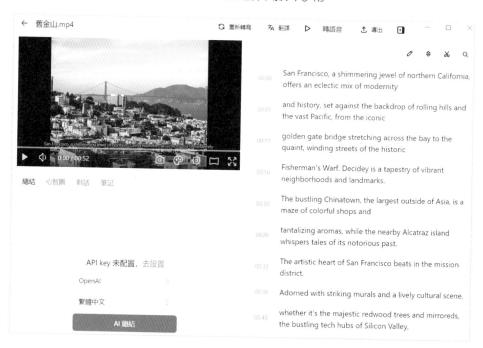

19-2-2　翻譯字幕

我們可以點選上方的翻譯，將字幕翻譯成中文，翻譯成欄位選「繁體中文」。

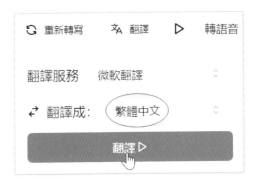

點選翻譯鈕，可以得到下列畫面。

　　畫面已經有中文翻譯了，現在就可以播放有中文翻譯的影片了。現在播放可以看到影片畫面，影片播放時段的文字會用藍底白字顯示。

19-2-3　導出 - 可想成匯出

點選上方的 <kbd>↑ 導出</kbd> 圖示，請選擇 音頻 / 視頻 標籤，因為原先影片有內嵌英文，所以可以只選擇 翻譯語言，將看到下列畫面。

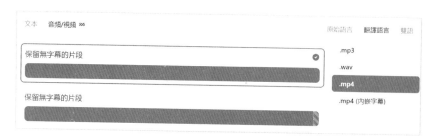

按右下方的鈕，可以看到「選擇保存路徑」對話方塊，筆者在 ch21 資料夾輸入「sf」，按 保存 鈕，可以看到導出過程。最後可以在 ch21 資料夾上看到匯出的檔案。

上述 sf.mp4 是原始影片，sf_subtitle.mp4 則是含中文字幕的影片檔案。

Note